# 環境正義と平和

「アメリカ問題」を考える

戸田清 著

法律文化社

# まえがき

私がenvironmental justiceという言葉を知ったのは一九九二年頃である。当時環境社会学の関係者はこれを「環境的公正」と訳していた。私の著書（一九九四年）のタイトルにもそれが使われている。しかし、ジョン・ロールズ（アメリカの政治哲学者）のJustice as Fairness（『公正としての正義』）という有名な論文（一九五八年）があり、「公正としての正義」と訳されている。公正はfairness、正義はjusticeを連想させるだろう。哲学や法学ではjusticeを普通「正義」と訳す。そこで、environmental justiceの訳語としては、「環境的公正」「環境正義」が併存しているのが現状である。私は一九九八年頃から基本的に「環境正義」を使うようにしている。もちろん環境正義は「舶来の概念」ではない。むしろ日本のほうが先行している。宮本憲一（マルクス経済学出身の環境経済学者）は一九六四年頃から、公害の被害は生物的弱者と社会的弱者に集中する傾向があると指摘している（明示的に述べたのは一九七五年）。飯島伸子（環境社会学者）らも同様である。アメリカでenvironmental justiceやenvironmental racism（環境人種差別）という言葉がよく使われるようになったのは一九八〇年代初頭のことであった。

アメリカの環境保護庁（ＥＰＡ）に環境正義の担当部局が設置されたのはクリントン時代のことである。これは運動の成果でもあるのだが、環境正義の解釈は、エスニック・マイノリティ

（アフリカン、ヒスパニック、ネイティブなど）の反公害運動支援を中心とした狭いものにとどまっている。ＥＰＡが環境正義の部局を持つことと、アメリカが軍事大国であり、たびたび空爆を行い、劣化ウラン兵器を使用し、一人あたり資源消費が異常に多く、クルマ社会であることとが、アメリカ政府高官の頭のなかでは、何ら「矛盾」としてとらえられないのである。

環境正義を語ろうとするなら、最低限次のことは念頭におかねばならないだろう（下記は重要度の順番ではなく、思いつくままに並べたものである）。

① 公害の被害は生物的弱者（胎児、子ども、高齢者など）と社会的弱者（低所得層、底辺労働者、零細漁民など）に集中する傾向がある。日本の企業城下町、底辺労働者、過疎地、アメリカの有色人種貧困層などにそれは典型的にあらわれる。「金持ちが環境を壊して貧乏人が被害を被る」「金持ちが戦争を起こして貧乏人が戦死・戦災死（無差別爆撃や空爆の「誤爆」など）する」傾向は否めない。

② 大企業や政府の暴走が大きな環境破壊を招くことが多く、それを助長する御用学者も多い。

③ アメリカ政府の環境正義解釈は狭すぎる。環境正義が軍事大国や石油浪費社会と両立するはずがない。大量生産・高速移動・大量破壊を得意としてきた二〇世紀型「石油文明」（後期には核をも組み込んだ）をどのような方向に変えていくかも問われている。バラク・フセイン・オバマ新大統領は軍事超大国維持の路線であり、原発推進派であるとも聞くが、行方を見守りたい。

④ 一人あたり資源消費を比較すると、アメリカに典型的に見られるように、先進国が有限な

地球資源を過剰消費している。ここから、エコロジカル・フットプリントやグローバル・アパルトヘイト、エコロジー的債務（ecological debt）などの概念が提起される。

⑤ 戦争は最大の環境破壊、最大の資源浪費、最大の差別である（「戦争は最大の差別」というのは山川剛の表現）。

⑥ アメリカの戦争動機には、過剰消費体制の維持という要素も大きい（石油支配のための戦争、ドル基軸体制維持のための戦争など）。アメリカを盟主とする集合的帝国主義（サミール・アミンと渡辺治の表現をあわせたもの）の意味をよく考える必要がある。単なる「アメリカ帝国主義」ではなく「アメリカを盟主とする集合的帝国主義」という点が重要である。日本政府のアメリカ国債購入などがアメリカの戦争と経済を支えている。9・11事件についてのブッシュ政権の虚偽説明も弾劾されねばならない（マケインの嘘も許されない）。

⑦ 資本主義は格差を拡大し、貧困をつくり、過剰消費を煽り、環境破壊を助長し、戦争をもたらす傾向がある。

⑧ ソ連型社会主義は、資本主義へのオルタナティブとして失格であった。しかしだからといって「社会主義は間違いだ」と短絡してはいけない。とはいえ社会主義者を自認する人々の理論的、実践的努力不足も明らかである。

⑨ 核は、軍事利用は論外であるが、民事利用（核発電＝原発など）にも問題が多すぎる。脱原発の低炭素社会が必要である。

⑩ クルマ社会を変える必要がある。

私が「環境正義」を「環境社会主義（ecosocialism）」に引き寄せて理解していることはもちろん自覚している。私は中学生時代以降（一九六〇年代末以降）を振り返ってみても、左派であるという自覚は常にあったが、「ソ連型社会主義」を支持したことはもちろん一度もない。しかし世間では、社会主義といえばソ連型社会主義が圧倒的に連想される。スターリンやポル・ポト、キム・ジョンイルの評判は悪すぎるし、それは彼ら（三人のうち二人は故人であるが）にとって自業自得である。ただし、キューバが有機農業大国、医療および医療支援大国として注目されていることや、中南米左派政権の続出は、大きな救いである。「環境社会主義」だけを使うと誤解を招きすぎる。「環境正義」だけではやはり伝えきれないものがある。それで、キーワードとして両者を併用せざるをえない。

本書は理論的には、ガルトゥングの平和学（直接的暴力、構造的暴力、文化的暴力の概念など）とウォーラーステインの世界システム論を念頭においている。私の理論的、思想的な立脚点は、ガルトゥングの平和学、世界システム論、マルクス派の政治学・経済学（渡辺治、宮嶋信夫ほか）、アナーキズムの政治思想（チョムスキー、ブライアン・トーカーほか）である。

一六世紀に始まる「近代世界システム」（資本主義世界システム）は一七世紀科学革命、一八世紀産業革命を経て科学技術文明として繁栄を謳歌したが、二〇世紀後半にはエコロジー危機で地球の限界と衝突し、資本主義の宿命である格差、貧困の問題も拡大して行き詰まっている。エコロジー危機を待たずに始まった第一の反システム運動はソ連型社会主義として「未熟なオルタナティブ」にとどまり崩壊した。エコロジー危機と同時に一九六八年頃から始まる第二の反システム運動（市民運動、住民運動、農民運動、労働運動、女性運動、環境運動、人権運動、平和運動など）は資本主義とソ連型社会主義を同時に反面教師としており、世界社会フォーラムなどに結集して「アメリカを盟主とする集合的帝国主義」の軍国主義・新自由主義に対抗している。現代は、資源・環境（石油、水、食料、地球温暖化、化学汚染、放射能汚染など）、格差と貧困、世界金融危機、戦争など、複合的な危機の時代である。二一世紀は世界システムの移行の時代であり、二二世紀には次の世界システムが成立していて、近代世界システム（一六世紀〜二一世紀）の興亡は歴史学の研究対象になっているであろう（『脱商品化の時代』ウォーラースティン／山下範久訳、藤原書店、二〇〇四年、などを参照）。米国の覇権がゆるやかに衰退するなかで、中国が近代世界システムの次の［最後の］覇権国に果たしてなるだろうか。中国も資源・環境、格差と貧困、共産党独裁など、多くの難題を抱えている。地球の限界との衝突が近代世界システムの危機をもたらした以上、次の世界システムは資源浪費型ではありえない。エコデモクラシーに近いものとなるのか［その場合、いまのような意味での覇権国の概念はないだろう］、エコファシズムに近いものとなるのか、それは特に二一世紀前半の人類の集合的努力の如何にかかっていると思う。環境正義、平和、人権（人権の反対概念は特権である）を価値とする反システム運動の成熟が鍵を握っているだろう。

一六世紀以来の資本主義の歴史を観察すると、格差社会と貧困、戦争、環境破壊をもたらすものであり、構造的暴力であると言わざるをえない（大西広「問われているのは資本主義文明の克服」『日本の科学者』二〇〇八年一〇月号、などを参照）。「民主的な資本主義」「環境にやさしい資本主義」「持続可能な資本主義」が本当にありうるかどうかが問われているといえる。では、ソ連型「社会主義」はなぜ失敗したのか。資本主義世界システムに適応するために社会主義というよりもむしろ国家資本主義を選んだためであり、ローザ・ルクセンブルクの警告に反して共産党独裁を選んだためであり、また米国との軍拡競争を強いられたためである。それを眺めていた中国は共産党独裁を温存しつつ、国家資本主義どころか資本主義そのものの導入を進めている。現存社会主義のなかでの相対的な成功例はキューバであると思うが、小国であるため無理をしないですんだことも有利な点であっただろう。

格差と貧困をもたらす資本主義は、民主主義と衝突し、民主主義は「金で買える民主主義（プルトクラシー）」に変質してしまう。ソ連型社会主義が「もうひとつの民主主義」を志向したはずであることは、ドイツ民主共和国（ＤＲＧ）、朝鮮民主主義人民共和国（ＤＰＲＫ）などの国名にもあらわれているが、ブルジョワ民主主義を批判したにとどまり、民主主義を壊して権威主義（一党独裁）になってしまった（民主主義の反対概念は権威主義であるが、民主主義の反対は社会主義だと誤解している学生は少なくない）。プルトクラシーと権威主義的社会主義に代わるオルタナティブについての理論的、実践的な追究がエコデモクラシーの内容を豊かなものとするであろう。

問題は「市場か計画か」ではない。「市場と計画をどのような指針でどのように組み合わせるか」が問題なのである。杉田聡は「政府の宣伝通り$CO_2$半減を本気で実現する気なら（国際的にこれを放置することは断じて許されない）、何より自動車の半減（いな本当は九割減）を考えなければならない。」（『「日本は先進国」のウソ』杉田聡、平凡社新書、二〇〇八年、一九三頁）と述べている。クルマ九割減は、「市場まかせ」ではもちろん無理である。しかしネオリベラリズムを「市場原理主義」と説明するのは誤解を招く。支配層は「計画」を排して「市場」だけを押し出しているのではない。環境と民衆の生活のための計画を排して、「資本のための計画」を強力に推進していることは、労働者派遣や金融ビッグバンなどの規制緩和、租税の累進率の緩和、エネルギー需給計画に関する政策などを見れば一目瞭然である。

本書の構成を概観しておこう。第**1**章（環境・暴力・平和）では、前著『環境学と平和学』（新泉社、二〇〇三年）を受けて、環境と平和の視点から現代社会の構造的矛盾を概説する。戦争は最大の環境破壊であるとともに、大量浪費社会という構造的暴力（地球・自然への暴力、貧富の格差との連動、環境格差と健康格差の創出）を維持するために行われる。大量浪費社会［先進国の大半および発展途上国の上層］では、構造的暴力としての環境破壊（生物的弱者と社会的弱者への被害集中）が再生産される。第**2**章（環境正義と社会）では、前々著『環境的公正を求めて』（新曜社、一九九四年）を受けて、環境正義［環境的公正］について整理する。環境正義と軍事大国が両立するという米国政府の間違った認識も注目される。第**3**章（水俣病事件）では、日本の公害の原点（足尾鉱毒事件と水俣病事件）のひとつである水俣病事件における構造的暴力について検討する。第**4**章（米国問題）では、近代世界システムの光と影を集約したこの超大国の問題点を考える。私はもちろん「反米主義者」ではない。米国政府と米国財界に対しては深い疑問を持ち続けてきたが、米国の良心的知識人たち［主にその著書］からは、三〇年あまりにわたり、実に多くのことを学んできた（そのごく一部をあげるなら、ノーム・チョムスキー、ハワード・ジン、ダグラス・ラミス、デヴィッド・レイ・グリフィン、グレッグ・パラスト、ウィリアム・ブルム、バーバラ・エーレンライク、ジュリエット・ショア、アンジェラ・デイヴィス、スーザン・ジョージ、リチャード・フォークなど）。第**5**章（原爆投下を裁く民衆法廷）では、超大国の国家犯罪に対していかに対処すべきかの一端を考える。第**6**章（環境と平和をめぐる諸問題）では、いくつかの短文や書評から、原爆認識、劣化ウラン兵器、ベトナム枯葉作戦、女性性器切除、人類と進化の隣人たちの暴力、冤罪問題などについて考える。本文には多少の内容の重複もあるが、そのほうが各テーマの関連性を見るうえでは役に立つ面もあるかもしれない。第**7**章（用語集）では、平和学や環境社会学［本書のベースとなる分野］の領域を中心にキーワードを解説している。最後に資料として新聞社説の比較、指定図書リスト（学生に推奨）、著訳書リストと索引をつけた。

# 目次

# 第1章

# 環境学と平和学からみた暴力

「環境・平和・暴力」と言うとき、まず思い浮かべるのは「戦争（と軍事）による環境破壊」であろう。[1] そして「平和」とは、単なる戦争の不在ではない。戦争がなくても、飢餓、貧困、差別、言論弾圧、環境破壊などのある社会は平和であるとは言えない。ヨハン・ガルトゥングは一九六九年に「戦争の不在」を「消極的平和」、「戦争と構造的暴力の不在」を「積極的平和」と呼んだ。[2]「直接的暴力」（戦争、殺人、強姦など）と対になる概念が「構造的暴力（間接的暴力）」で、社会の構造がもたらす暴力（生命、健康、生活の質などの人為的な損傷）を言う。加害の意志はないことも多い。飢餓、貧困、差別、言論弾圧、環境破壊などが構造的暴力の例である。一九八〇年代にガルトゥングは「文化的暴力」（直接的暴力や構造的暴力を正当化する言説など）の概念を導入した。ブッシュ・ドクトリン（先制攻撃＝予防戦争の正当化など）は直接的暴力を正当化し、公害・環境問題の過小評価（畑・上園 2007；山崎ほか 2008）は構造的暴力の存続を助ける。

環境破壊との関連で、資源浪費や「貧困と環境破壊の悪循環」[3] などが重要である。ガンジーが言ったように有限な地球は「みんなの必要は満たせるが、みんなの貪欲は満たせない」ので、強者の浪費は他方に貧困と格差をもたらす。「石油のための戦争」は「資源の浪費構造と不平等を維持するための戦争」の典型である。構造的に浪費と格差をもたらすのが資本主義であり、ソ連型社会主義はその代案を提示できなかった。「戦争と環境破壊の時代」を「平和と環境保全の時代」に転換するためには、環境学と平和学の連携が不可欠であろう。本稿では、戦争による環境破壊、資源浪費構造を維持するための戦争、環境問題における構造的暴力、構造的暴力としての資本主義とソ連型社会主義の克服、環境学と平和学の課題について、順に論じることとしたい。

## Ⅰ　戦争は最大の環境破壊

### 戦争による環境汚染と自然破壊

戦争によって多大な人命損失と同時に都市や農村の物質的環境が根こそぎに破壊され、焦土となることは、通常兵器の大量使用（東京大空襲など）や広島・長崎への原爆投下に典型的に見られたところである。一九五〇年末までに広島で二〇万人（被爆時の人口三五万人）、長崎で一〇万人（被爆時二七万人）の市民が亡くなり、熱線・衝撃波・爆風・火災で、広島では一三平方キロメートル、長崎では六・七平方キロメートルが焼き尽くされた（原爆症認定近畿訴訟弁護団 2007：17）。一九四五年三月の東京大空襲では約三百機のB29が三八万発の爆弾・焼夷弾を投下して一晩に死者・行方不明一〇万人、焼失面積四一平方キロメートルであった。こうした事例を見ると「戦争は最大の環境破壊」であることが痛感される。

湾岸戦争の地上戦による油井炎上では、クウェートの炎上油井から排出される汚染物質の量が、一日単位で硫黄酸化物は「日本全体の排出量」の約二九倍、窒素酸化物は約一・五倍、二酸化炭素は約一倍であったと推定されている。特に硫黄酸化物の排出量は膨大で、ジェット気流に乗って西アジア、インド、東南アジア、ハワイ上空に達した（青山 1992）。

他方、放射能汚染が広がった範囲だけで比べると、商業利用（いわゆる平和利用）に伴う破局であったチェルノブイリ原発事故は途方もないものであった。藤田祐幸は、原爆の汚染範囲が半径三キロメートル、チェルノブイリの汚染範囲が半径三〇〇キロメートルくらいであったと指摘している。一〇〇万キロワット原発を一年間運転すると、広島原発千発分の死の灰を生ずる。再処理工場や原発の最悪の事故と地震が複合した場合（原発震災）に、死者が百万を超えることもありうるだろう（坂・前田 2007；明石 2007）。

原爆投下で飛散した放射性物質が二〇キログラムくらいであったのに対して、湾岸戦争、イラク戦争では数百トンの劣化ウラン兵器が使われたので、放射性物質の量を単純に比較すると「ヒロシマの一万倍」になる。原爆の放射線被曝が深刻だったのは、核分裂の暴走によって大量の中性子線とガンマ線が出たためであり、劣化ウランでは中性子線とガンマ線、アルファ線の内部被曝が問題となる（自発核分裂もある）。イラクで子どもの白血病や網膜芽細胞種、先天奇形などが激増しているのは、劣化ウラン汚染の影響による疑いが強い（劣化ウラン研究会 2003；森住 2005；バーテル 2005などを参照）。ウラン二三八の半減期は四五億年であり、太陽の核融合反応が暴走して「赤色巨星」となり地球生態系および地球が滅亡するのは数十億年以上先のことであるから、劣化ウラン汚染は文字通り「永久に」（地球最後の日まで）続くと言ってよいだろう。原爆でも、中性子線とガンマ線だけに目を奪われたため「内部被曝の過小評価」という問題が起こっている。

ベトナム枯葉作戦は、農薬（除草剤）の軍事利用であり、自然環境（熱帯林）と農業環境（作物）が戦争行為の標的となって、農薬の不純物であるダイオキシンによる深刻な人体被害が生じた（ストックホルム国際平和研究所編 1979；中村 1995；中村 2005などを参照）。

### 戦争と軍事による資源浪費

乗用車の燃費がガソリン一リットルあたり一〇〜三五キロメートル（平均一〇キロメートル）であるのに対して、戦車の燃費はディーゼル一リットルあたり〇・三〜〇・五キロメートルくらいのようだ。M4A6シャーマン戦車の燃費はリットルあたり二四六メートルである。エイブラムス戦車はアイドリングだけで毎時四五リットルの石油を消費するという[4]（青木 2008：229）。米軍は、世界最大の石油需要家である。米軍の消費量は年間に約八五〇〇万バレル、二〇〇五年の世界全体の石油消費は一日あたり八二四五・九万バレルだった。世界消費の一日強の石油を米軍が一年で消費していることになる。これはコロンビア（消費量は一日に二三万バレル）とフィンランド（同二三・三万バレル）の約一年分、デンマーク（同一八・九万バレル）の一年分以上に匹敵し、年間消費量が米軍に及ばない国は数十カ国ある。イラク戦争では当初一週間あたり二〇〇万バレルの石油が使われた。全世界の軍事による炭酸ガス排出量は、国別排出量六位のドイツを上回る。

また日本でも、自衛隊だけで政府機関全体の炭酸ガス排出量の七割近くを占める（青木 2008：231；シャー 2007：205）。(5)

通常の訓練飛行のために発着するF16ジェット戦闘機は、一時間足らずの演習フライト一回分だけで、米国の平均的なドライバーが一年間に消費するガソリンの二倍に匹敵するエネルギーを消費する。ワールドウォッチ研究所のマイケル・レンナーの推計によると、世界全体のジェット燃料総消費量の四分の一近くは軍用ジェット機による使用分である。また、米国の軍事部門は、「間違いなく有害廃棄物の最大の発生源」である（寺西 2003；レンナー 1991）。

**基地と環境破壊**

戦争がないときでも、基地によるさまざまな環境破壊が見られる（吉田 1996；福地 1996；吉田 2007）。

## Ⅱ　資源浪費構造を維持するための戦争

**石油のための「アメリカ帝国」の戦争**

一人あたり資源消費に巨大な南北格差がある。世界自然保護基金（ＷＷＦ）がエコロジカル・フットプリント分析（環境負荷や資源消費を面積に換算する手法）を用いて試算した「生きている地球レポート」によると、世界中が大量消費の「アメリカ的生活様式」を採用するならば、「五・

三個の地球」が必要になるという。世界中が日本並みの消費をすると「二・四個の地球」が必要になる（ワケナゲルほか 2005：167）。しかし、地球は一個しかない。欧米と日本の現在世代が第三世界、将来世代、自然を犠牲にして資源を浪費する（豊かさを享受する）「大量採取、大量生産、大量消費、大量廃棄」の石油文明は、二二世紀まで持続させることができるのだろうか。

先進国の資源消費面の横暴を最も典型的に示すのは、二〇世紀初頭に確立された「アメリカ的生活様式（American Way of Life）」である（p. 103、**表4－1**）。自動車大国、軍事超大国であるから米国の場合（戸田 2007；戸田 2008，また宮田 2006；桝田 2004；アンドレアス 2002；ショア 2000参照）が最も典型的に「ひとりじめ」状況を示すのであるが、西欧や日本も基本的な傾向としては変わらない。環境先進国と言われるドイツや北欧でさえ、一人あたり資源消費は多い。「地球はすべての人の必要を満たすことはできるが、貪欲を満たすことはできない」とモハンダス［マハトマ］・ガンジーは述べた。先進国の浪費は、第三世界の貧困（乳幼児死亡率が高いことなどを含む）を必要条件としている。資源浪費は構造的暴力にほかならない。

「アメリカ的生活様式」と軍事政策の関連を示唆するものとしてよく引用されるのは、国務省政策企画部長であったジョージ・ケナン（ソ連地域を専門とする外交官）の非公開メモ（一九四八年に書かれたが、有権者に情報開示されたのは一九七四年）のなかの次の一節である。西山俊彦の著書から引用しておこう。

アメリカは世界の富の五〇％（二〇〇一年に三一％）を手にしていながら、人口は世界の六・

三%（二〇〇一年に五・〇%）を占めるにすぎない。これではかならず羨望と反発の的になる。今後われわれにとって最大の課題は、このような格差を維持しつつ、それがアメリカの国益を損なうことのないような国際関係を築くことだろう。それにはあらゆる感傷や夢想を拭い去り、さしあたっての国益追求に専念しなければならない。博愛主義や世界に慈善をほどこすといった贅沢な観念は、われわれを欺くものだ。人権、生活水準の向上、民主化などのあいまいで非現実的な目標は論外である。遠からず、むき出しの力（straight power）で事に当たらねばならないときがくる。（西山 2003：212）。

梅林宏道もこのケナン発言を引用し、続けてクリントン大統領が一九九七年に「われわれは世界の人口の四%を占めているのに、世界の富の二二%を必要としている」と述べたことを指摘する。梅林の著書では、ケナンやクリントンを引用した部分に、〝「不平等を維持する」ための軍隊〟という小見出しがついている（梅林 1998：25）。「不平等を維持する」は「先進国の資源浪費構造を維持する」と言い換えることができる。

中東の石油を確保するための緊急展開軍（中央軍の前身）を設置した「カーター・ドクトリン」（八〇年）以降、米国の「石油獲得戦争」は露骨になったと言わざるをえない。

二〇〇三年に米国が開始したイラク戦争は、大量破壊兵器の疑惑、アルカイダとのつながり、イラクの民主化という「開戦理由」がすべて破綻して、泥沼状態になっている。古代文明の遺産もツワイサ核施設も略奪が放置されるなかで「石油省」だけは米軍が厳重に警備しているエピソードに象徴されるように、「石油のための戦争」という側面が重要であることは否定できないであろう。石油支配、ドル防衛（フセインが企図した石油取引のユーロ決済の阻止）、軍需産業等の利権などが、イラク戦争の隠された動機であると思われる。イラク駐留米軍の死者は〇八年三月に四〇〇〇人を越えたが、イラク人死者は〇六年ですでに六五万人ほどであると米国・イラク共同研究によって推計されている（Burnham et al. 2006 : 1421～1428）。劣化ウラン兵器の使用は湾岸戦争を上回る約二〇〇〇トンであると推測される。

フォード（自動車の大衆化）とゼネラルモーターズ（モデルチェンジの導入による無駄の制度化）に主導された「クルマ社会化」が典型的に示しているように、「二〇世紀文明」は「石油文明」である（石油文明の成立に最も貢献したのは、英米海軍とフォード社である）。二〇世紀初頭において、世界最大の産油国は米国であった。一九七〇年頃に米国の石油採掘量はピークを迎え、その後は石油の輸入依存度が増大を続けている。世界の石油採掘量も二〇一〇年頃にはピークを迎えるのではないかという「石油ピーク説」がひとつの有力な学説となっている（マクウェイグ 2005 : 45）。それなのに、米エネルギー省は、米国の石油消費量が少なくとも二〇二〇年までは増加し続けると予測している（クレア 2004 : 36）。

中国やインドをはじめとする新興工業国の石油需要も増大するなかで、先進国が石油浪費文明を維持しようとするならば、中東などの石油資源の争奪が大きな「課題」とならざるをえない。一九五三年のイランのモサデク政権（民族主義）の倒壊とパーレビ独裁政権（親米）の成立に米国がCIA（中央情報局）などを通じて関与した動機は石油であったが、米国が中東の「死活的国益」（その中心は石油資源）を確保するためには軍事力の発動を辞さないことを「公式に」決めたのは、カーター政権末期のことであった。イラン・イスラム革命とソ連のアフガニスタン侵攻を契機として策定された、いわゆる「カーター・ドクトリン」である。ここで設置された「緊急展開部隊」がレーガン政権によって現在の「中央軍」に再編された。湾岸戦争でもイラク戦争でも、その中央軍が「活躍」した（宮嶋 1991；クレア 2004。また石油のために独裁政権を支援する欧米の政府と企業については、シャー 2007：7章）。

インターネットの「グーグル」で「FBI Bin Laden」と入れて検索してみよう。ウサマ（オサマ）・ビン・ラディンの主要な容疑は〇八年八月現在もなお「一九九八年のテロ」（駐ケニアおよび駐タンザニア米国大使館の爆破）であることがわかる。二〇〇一年のテロ（9・11事件）への言及がないのは、証拠不十分だからである。9・11事件はアルカイダの犯行だという前提でアフガニスタン戦争やイラク戦争、愛国者法の立法などが行われたことの正当性はどうなるのだろうか。9・11事件から数年間に浮上した米国政府の謀略疑惑を示唆する状況証拠は多い（グリフィン 2007；木村編 2007；童子丸 2007）。米国の資源浪費と覇権を維持するためには、数年ごとに戦争が「必要」になるのだろうか

## 水資源を確保するイスラエルの占領政策

広河隆一は、パレスチナの水問題について紹介している（広河 2003）。ガザ地区では、パレスチナ人は井戸を掘ることも禁止されている。そのため水不足が生じ、ひとつの井戸をさらに深く

掘って使用するため、地下水が海水で汚染され、飲料水に事欠くとともに、汚染された水を農地に使うため、砂漠化がさらに進行する。他方でユダヤ人入植地の井戸掘削は許可されている。ヨルダン川西岸地区も深刻で、水資源の四～五％だけを西岸地区住民が使用でき、残りはユダヤ人入植者が使う。この水の割り当ては二〇二〇年まで据え置くと定められており、一人あたりの水使用量が西岸のユダヤ人入植者とパレスチナ人では十対一の割合になっている。国際法違反の占領を続ける動機のひとつは、水資源の確保であろう。

## Ⅲ　公害・環境問題にみられる構造的暴力

### 煙草の合法的販売

煙草病の年間死者は世界で約五〇〇万人、米国で約四五万人、日本で約一二〇万人。これは喫煙による能動喫煙被害であるが、他人の喫煙による受動喫煙被害もその五％から一〇％程度になるものとみられる。これは、地上最大規模の構造的暴力である（戸田 2003）。その「主犯」は煙草会社と煙草を奨励する政府機関である。会社や政府機関の目的は喫煙者の生命健康を害することではなく、利潤や財政収入の増大であるから、典型的な構造的暴力である。世界の三大煙草会社は、フィリップモリス、ブリティッシュ・アメリカン・タバコ、ＪＴ（日本たばこ産業）である。財務省が所管するたばこ事業法（一九八四年制定）は、その第一条でいうように「我が国たばこ産業の健全な発展を図り、もつて財政収入の安定的確保及び国民経済の健全な発展に資することを目的」としている。米国の通商代表部は、自由貿易の美名のもとに煙草の輸出促進をはかっている。厚生労働省や米国保健福祉省は公衆衛生の立場から喫煙抑制をはかっており、ＷＨＯの煙草規制枠組み条約や日本の健康増進法が存在するのであるから、政府の行動が矛盾を含んでいることになる。喫煙者は副流煙によってまわりの人に迷惑（受動喫煙の被害）をかけるので、侵略戦争に動員される下級兵士と同様に「被害者となることによって加害者となる」わけである。

中国衛生部が二〇〇七年五月二九日に発表したところによると、同国で喫煙に起因する疾病での死者が毎年約一〇〇〇万人、受動喫煙による死者も一〇万人を超えるとの推計値が得られた。中国人一三億人のうち喫煙者は三・五億人。また受動喫煙者は五・四億人で、うち一・八億人が一五歳以下だった。[6]

## 水俣病、カネミ油症の「過度に厳しい認定基準」による被害者の切り捨て

近代日本の公害の原点は足尾鉱毒事件、現代日本の公害の原点は水俣病である。足尾鉱毒事件は、富国強兵の体制によって健康や環境がおしつぶされた事件であった。水俣病は、憲法一三条と二五条がうたう健康権や環境権が軽視された事件である（宮澤 1997；同 2007；津田 2004；戸田 2006）。中学、高校で教える公害・環境問題は、四大公害（水俣病、新潟水俣病、イタイイタイ病、四日市喘息）と地球環境問題に限られるようだ。薬害（八七年まで教科書に出ていた）や食品公害は教えない。

水俣病（**表1－1**）においては、食品衛生法の適用拒否、未認定食中毒患者、水質二法の適用

拒否、猫実験隠し、アミン説、認定基準改悪、認定作業放置、時代の思潮（経済成長優先）などに企業、政府、学者、国民の「必ずしも加害を意図しない暴力」が見られる（表1－2）。

福岡・長崎をはじめ西日本一円で発生したカネミ油症[7]（カネ油症被害者センター編 2006）では、ダーク油事件の中途半端な処理、回収の不徹底、皮膚症状偏重の診断基準、未認定食中毒患者、仮払金返還問題、ダイオキシン対応、国民的関心の低調などに企業、政府、学者、国民とかかわる構造的暴力が見られる（表1－3）。カネミ油症事件では当初約一万四〇〇〇人が被害を届けたが、認定患者は死亡者を含めて一九一三人（うち長崎県七七四人）にとどまる（〇八年五月現在）。九州大学医学部は二〇〇八年五月八日に「油症ダイオキシン研究診療センター」（古江増隆センター長）を設置したが、「未認定患者は診療などで対象外とする考えを示した」とのことで「批判が広がることは確実」だという。

**表1－1　水俣病の全体像**（2008年，環境省）

| | |
|---|---|
| 認定患者（２月末） | 2,960（生存855） |
| 医療・保健・新保健手帳交付者（３月末） | 2,8600 |
| 認定申請者（３月末） | 5992 |

出典：竹内敬二「環境教室　第26回　水俣病関西訴訟」『朝日新聞』2008年５月１日。

津田敏秀（岡山大学医学部）が言うように、「未認定食中毒患者が一万人も（放置されて）いる」という異常事態が二つもあるが（水俣病の三万人とカネミ油症の一万人）、これは食品衛生法の運用を破壊するものであり、あってはならないことである。なぜ日本人は怒らないのか？　食中毒患者とは、「暴露有症」の人を言う。つまり、原因食品ないし病因物質を食べ、症状のある人である。症状の組み合わせや種類（皮膚症状、消化器症状など）によって選別し

表1－2　水俣病年表

| | |
|---|---|
| 1908年 | 日本窒素肥料（1950年に新日本窒素肥料，1965年にチッソと改称）の水俣工場操業開始。 |
| 1932年 | 水俣工場の水銀触媒を用いるアセトアルデヒド製造工程が稼働開始。 |
| 1941年頃 | 水俣病患者の発生（推定）。 |
| 1956年 | 水俣病患者の多発と公式発見。 |
| 1957年 | 水俣湾の魚介類が原因食品とわかるが，病因物質は不明。厚生省は「すべての魚介類が有毒化しているかどうか不明」とする９月11日文書で食品衛生法４条適用を阻止。 |
| 1959年 | 熊本大学の研究で有機水銀が病因物質と判明（７月），厚生省食品衛生調査会も承認（11月），しかし水質二法（工場排水規制）を適用せず。チッソの猫実験隠し（10月）と見舞金契約（12月）。 |
| 1960年 | 水俣病総合調査研究連絡協議会（学者と通産省・厚生省・水産庁・経企庁・熊本県），水俣病研究懇談会（日本化学工業協会系，田宮委員会・複数の東大医教授），東工大・清浦雷作（連絡協・懇談会）の根拠なき「アミン説」新聞報道。 |
| 1963年 | 熊本大学がアセトアルデヒド製造設備の残渣からメチル水銀を抽出。 |
| 1965年 | 新潟水俣病の発見。 |
| 1968年５月 | 水銀触媒を用いるアセトアルデヒド製造工程がチッソを最後に全国で終結。 |
| 1968年９月 | 日本政府が水俣病を公害病と認める。 |
| 1971年 | 環境庁の水俣病認定基準（大石武一長官）。 |
| 1977年 | 環境庁の水俣病認定基準改悪（石原慎太郎長官）。昭和52年判断条件。 |
| 1995年 | 水俣病の政治決着（患者認定せず被害者に260万円）。 |
| 1998年 | 日本精神神経学会が昭和52年判断条件は科学的に誤りであると指摘。 |
| 2004年 | 水俣病関西訴訟最高裁判決で国の責任確定。水質二法で勝訴，食品衛生法で敗訴，認定に行政と司法の二重基準問題。 |
| 2009年１月現在 | 与党プロジェクトチームの発案（2007年）により一時金150万円を柱とする「新救済策」で二度目の政治決着の方向。環境省は昭和52年判断条件を固持。 |

資料：宮澤信雄『水俣病事件四十年』（葦書房，1997年）などから作成。

**表1－3　カネミ油症年表**

| | |
|---|---|
| 1954年 | 鐘淵化学がPCBを製造開始。 |
| 1961年 | カネミ倉庫が米ぬか油（ライスオイル）を製造開始。脱臭装置の熱媒体にPCBを採用。 |
| 1963年 | 北九州，飯塚などの患者に症状が出始める。 |
| 1966年 | 従業員（脱臭係）に黒いブツブツ，目やになどの症状。 |
| 1968年 | 1月改造工事→PCBの異常な減量，2月ダーク油事件，3月農林省回収指示，5月患者がカネミ油を保健所に，6月九大皮膚科に3歳女児受診その後受診増加，8月九大皮膚科は米ぬか油が原因食品と説明したが食中毒届出せず，9月学会発表，10月朝日新聞報道・九州大学ほか研究班発足・診断基準発表，11月油にPCB検出（病因物質）・五島一斉検診。 |
| 1969年 | 被害者がカネミ倉庫，カネカ（旧鐘淵化学）に損害賠償提訴（福岡民事訴訟）。 |
| 1970年 | 国と北九州市を被告に加え統一民事訴訟第1陣提訴。 |
| 1973年 | 梅田玄勝医師らの調査によると最も早い発症は1961年。 |
| 1977年 | 福岡民事訴訟で福岡地裁がカネミ倉庫とカネカに賠償命令。 |
| 1979年 | 台湾油症事件。 |
| 1983年 | 油症研究班長倉恒九大教授が油症の主原因はPCDFの妥当性が高いと発表。 |
| 1984年 | 第1陣提訴で福岡高裁が国に賠償命令。 |
| 1985年 | 第3陣訴訟で福岡地裁小倉支部が国に賠償命令。 |
| 1986年 | 第2陣訴訟で福岡高裁が国の責任を否定。 |
| 1987年 | 最高裁で原告とカネミ倉庫が和解，国への訴えを取り下げ（上告審敗訴を予想）。 |
| 1996年 | 農林省が仮払金返還の督促状。 |
| 2001年 | 坂口厚生労働大臣が，ダイオキシンが主因なので診断基準を見直したいと参議院で答弁。 |
| 2004年 | 認定基準にPCDFを追加。 |
| 2006年 | 日弁連が国とカネミ倉庫に被害者の人権救済勧告，救済策与党プロジェクトチーム発足。 |
| 2007年 | 4月救済策合意，6月に救済特例法成立（仮払金返還は大半免除，新認定患者にはまだ補償なし）。 |

資料：朝日新聞2007年4月11日，同10月28日，『今なぜカネミ油症か　日本最大のダイオキシン被害』（止めよう！　ダイオキシン汚染・関東ネットワーク，2000年）から作成。

てはならない。ブドウ球菌食中毒の人を「下痢と嘔吐があるので認定」「下痢だけ、嘔吐だけは未認定」などと選別するであろうか？　特殊な食中毒なので基準は必要と思うが、いまの両基準はあまりに異常である。水俣病では、一九七一年のまともな基準を破壊して、七七年（昭和五二年）に「異常に厳格な基準」をつくってしまい、現在に至っている。昭和五二年判断条件を満たす人はもちろん水俣病だが、そのうちの九分の二しか認定されず、九分の六は保留であった（チッソ水俣病関西訴訟を支える会 2004）。満たさない人にも水俣病の人は多い（そのほぼ全員は七一年基準を満たす）。カネミ油症の診定基準は皮膚症状偏重である。「ダイオキシン被害」という共通点を考慮して、台湾油症やベトナム枯葉剤被害（ベトナム、韓国、米国）の認定基準に学ぶべきである。日本は「法治国家」なのか、それとも「放置国家」なのか？　食品衛生法は厚生労働省所管、公害健康被害補償法（公健法）は環境省所管であるから、水俣病の認定を所管する環境省におそらく「食中毒」についての問題意識はない。なお、「放置」の古典的な例としては、広島・長崎の原爆被爆者は一九四五年（被爆）から五七年（原爆医療法）まで一二年間も放置されている。また、原爆医療法の法案段階ではビキニ水爆実験のヒバクシャも入っていたのだが切り捨てられ、米国に補償を要求しない（見舞金で我慢する）ことと引き替えのようにして原発が導入された。ビキニ被爆者は「原発導入の人柱」にされたのである（大石 2003：85）。(8)

**なかったことにされた長崎県対馬などのイタイイタイ病**

国内にカドミウム汚染地（表1‐4）はいくつかあるが、イタイイタイ病（カドミウムによる骨

**表1－4　カドミウム汚染地域住民の尿細管障害と骨軟化症の関連**

| 地　　域 | 尿細管障害 | 骨軟化症 |
|---|---|---|
| 富　山 | 最重度 | 中～高度 |
| 長崎［対馬］ | 高　度 | 軽～中度 |
| 秋　田 | 軽　度 | な　し |

出典：齋藤寛「環境中のカドミウムと人間の健康」谷村賢治・齋藤寛編『環境知を育む　長崎発の環境教育』（税務経理協会，2006年）54頁。［対馬］は戸田の補足。

軟化症で、前駆症状として腎障害がある）は富山県だけであるとされた。長崎県対馬などではなかったことにされたのである（飯島・渡辺・藤川 2007）。

**石綿対策の遅れ**

ＩＬＯがアスベストの発癌《がん》性を警告してからも、日本では輸入が増え続けた（**表1－5**）。アスベストが職業病にとどまらず公害病（周辺住民の病気）でもあることは英国で四〇年前に報告され、環境庁もまもなくその論文に気づいたが、「クボタショック」で国民の注目を浴びるのはようやく二〇〇五年のことである。[9]

**核の商業利用——ウラン鉱山・原発・再処理など**

核開発には、地球規模で構造的暴力の問題が最も典型的にあらわれていると言ってよいであろう。核燃料サイクルのなかでウラン鉱山は最大の被曝源であるが（土井・小出 2001）、アメリカやカナダの先住民が大きな影響を受けた。原爆開発のマンハッタン計画では、ベルギー領コンゴ（当時）の住民も採掘にかり出されている（原爆投下の原材料ウランはコンゴ、カナダ、米国から）。原発における被曝労働は電力会社の社員に比べて圧倒的に下請け労働者に集中し、下請け労働者の

**表1－5　アスベスト問題年表**

| | |
|---|---|
| 1896年 | 大阪で日本アスベスト株式会社（ニチアスの前身）設立。 |
| 1924年 | 英国のクック医師が石綿工場で働いて33歳で肺線維症により死亡した女性について『英国医学雑誌』で報告（1927年に石綿肺と命名，じん肺の１種）。 |
| 1935年 | 米国のリンチとスミス医師が石綿労働者の肺癌を『アメリカ癌雑誌』に報告。 |
| 1943年 | ドイツ（ヒトラー政権）が石綿による中皮腫と肺癌を労災認定の方針。 |
| 1955年 | 英国のドル博士が石綿労働者の肺癌死亡率を『英国産業医学雑誌』に報告。 |
| 1964年 | 米国のセリコフ博士らが石綿肺，肺癌，中皮腫の発生率を『アメリカ医師会雑誌』に報告。 |
| 1965年 | 英国のニューハウス医師らがロンドンの石綿工場周辺住民の中皮腫を『英国産業医学雑誌』に報告。 |
| 1972年 | 環境庁が石綿工場周辺住民への健康影響の可能性を認識し，ニューハウス論文にも言及。ＩＬＯが石綿の発癌性を警告。 |
| 1974年 | 日本の石綿輸入がピーク。 |
| 1975年 | 労働安全衛生法で石綿を発癌物質に指定。吹き付け石綿を禁止。 |
| 1979年 | 米国環境保護庁が石綿全面禁止の意図を公表。 |
| 1982年 | 米国の訴訟多発で石綿大手ジョンズ・マンビル社が破産保護を申請。 |
| 1987年 | 学校の石綿使用と横須賀の米軍による石綿廃棄物投棄が問題化。 |
| 1989年 | 米国環境保護庁が石綿使用の大半を禁止。 |
| 1995年 | 日本で青石綿，茶石綿を禁止。人口動態統計に中皮腫の項目。阪神淡路大震災で石綿大気汚染。 |
| 2001年 | 米国の９・11事件で世界貿易センタービル倒壊現場付近の石綿大気汚染。 |
| 2004年 | 日本で白石綿も原則禁止。 |
| 2005年 | クボタ周辺住民の中皮腫が社会問題化。 |
| 2006年 | 石綿被害者救済新法できるが，肺癌患者の救済などで不十分さの指摘あり。指定疾患は中皮腫，肺癌のみで，石綿肺，良性石綿胸水，びまん性胸膜肥厚が入っていない。 |

資料：戸田「労災職業病九州セミナー」（長崎，2005年）講演資料などから作成。
ビデオ『まっさらな肺をかえせ』（三菱長崎造船じん肺訴訟原告団，2004年）も参照。

供給源は、低賃金労働者やマイノリティ（山谷、釜が崎、出稼ぎ農民、炭坑離職者、黒人、旧植民地人など）である（労働者被曝については、八木編 1989；藤田 1996；樋口 2003などを参照）。核実験も、先住民、少数民族などマイノリティに被害が集中し、豊崎博光は「ニュークリア・レイシズム」（核の人種差別）と呼んでいる（グローバルヒバクシャ研究会編 2006）。ネバダ州の核実験場でも、風がロサンゼルスやラスベガスのような大都市の方向に吹くときには実験を停止し、ネバダ州やユタ州の過疎地域に向かって吹くときに行っていたので、地域差別でもあった。原発は電力の大量消費を支える道具である。東京電力は自社管内に原発を持たず、隣の会社（東北電力、北陸電力）の土地に原発を立地して、首都圏の大量消費を支えている。原発銀座若狭の住職中嶌哲演は、原発問題で問われているのは、チェルノブイリ原発事故などで問われた「安全神話」はもとより、「必要神話」そのものではないかと指摘する（中嶌 2006）[10]。原発については、推進派の班目《まだらめ》春樹東大教授（原子力工学）も次のように述べている。

原子力発電に対して、安心する日なんかきませんよ。せめて信頼してほしいと思いますけど。安心なんかできるはずないじゃないですか。あんな不気味なの。最終処分場の話は、最後は結局お金でしょう？　あの、どうしてもみんなが受け入れてくれないとなったらお宅にはいままでこれこれと言っていたけどその二倍払いましょう、それでも手を挙げてくれないんだったら五倍払いましょう、十倍払いましょう、どっかで国民が納得する答えが出てきますよ。

図1－1　100万KWの原発をめぐる一連の流れ

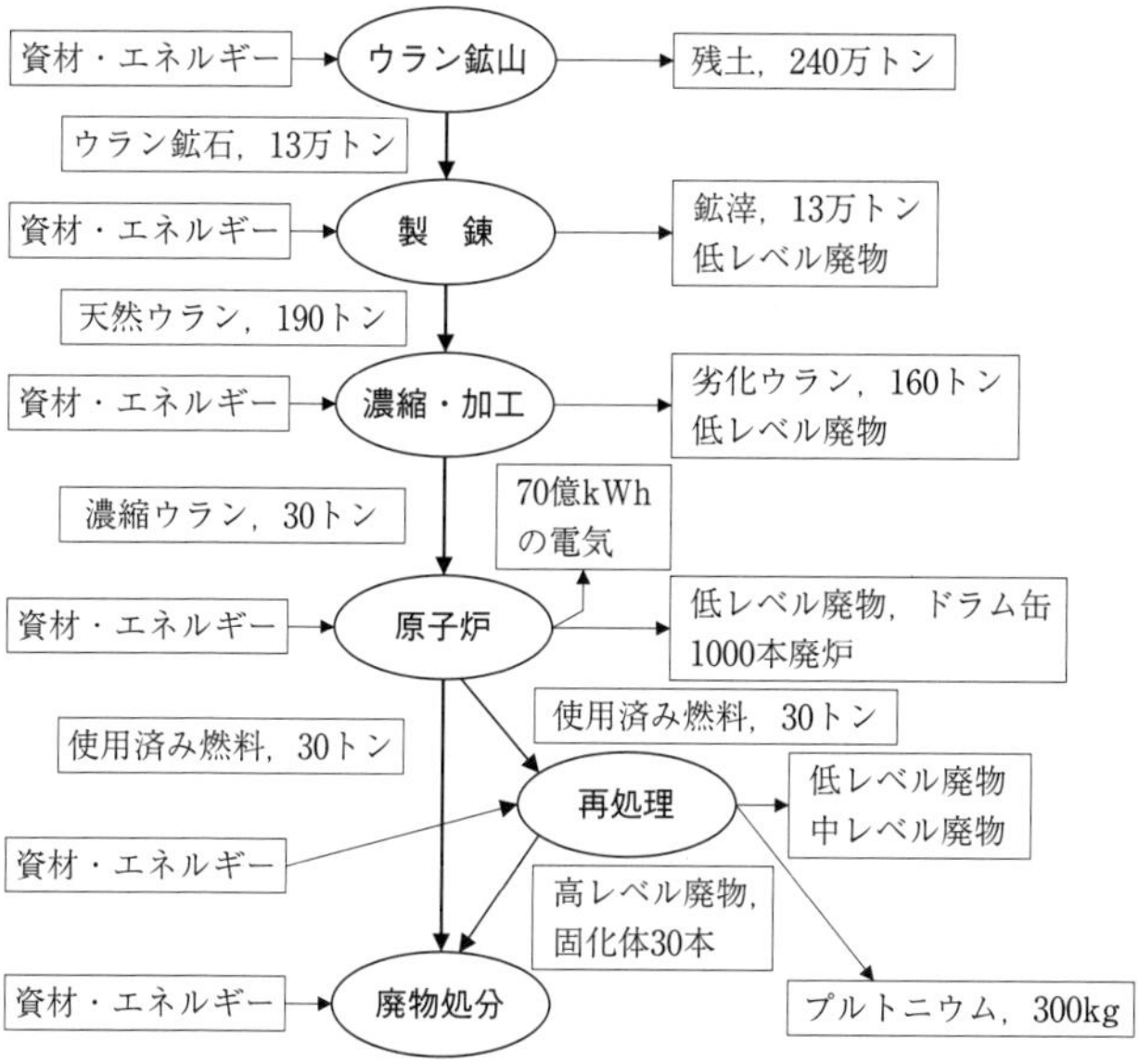


出典：小出裕章「地球温暖化問題の本質」2007年。
『原発は地球にやさしいか』西尾漠（緑風出版，2008年）も参照。
http://www.rri.kyoto-u.ac.jp/NSRG/kouen/crisis.pdf

高レベル放射性廃棄物は今後数万年間、人間環境から隔離する必要がある。

「地球温暖化防止のために原発増設を」というのももちろん嘘である。日本は濃縮ウランの自給率が低く、米国のウラン濃縮工場では大型石炭火力発電所から電力を供給されている。また、原発は「海洋温暖化装置」である。たとえば、柏崎刈羽原発の温排水によって、「暖かいもうひとつの信濃川」（七度昇温）ができることになる。

そもそも軍事利用と民事利用は明確な線が引けるものではない。歴史的にみると、核

図1－2　ガラス固化体1本あたりの放射能の変化

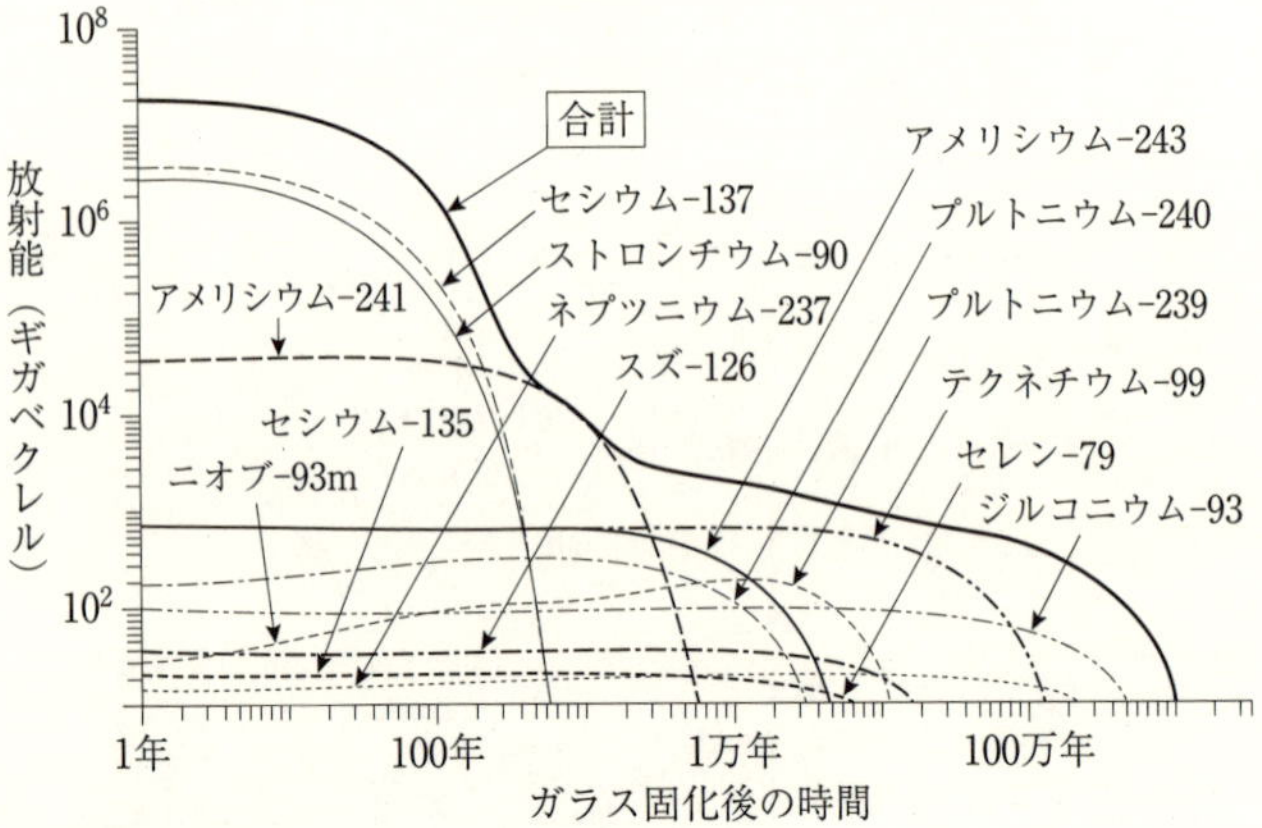


注：米環境保護庁は100万年の放射能規制を提案。
出典：「高レベル廃棄物処分場の問題点」（パワーポイント）核のごみキャンペーン関西，2007年。もとの資料は科学技術庁『高レベル放射性廃棄物』。

図1－3　ガラス固化体の放射能の経時変化

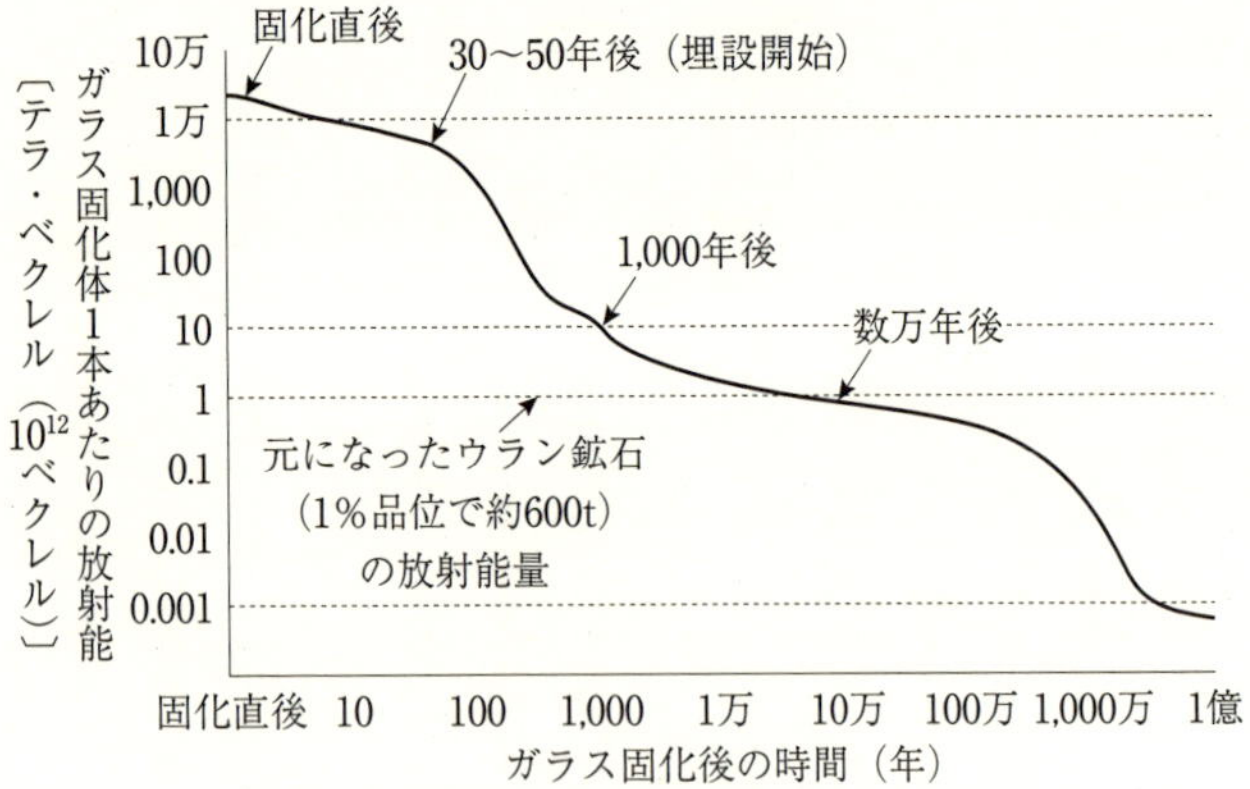


注：Bq（ベクレル）は放射能の強度を示す単位。
出典：放射性廃棄物のホームページ（経済産業省）。
http://www.enecho.meti.go.jp/rw/hlw/qa/syo/syo03.html

の民事利用は軍事利用の副産物にすぎない。広島原爆（ウラン原爆）をつくるためにウラン濃縮が必要であった。長崎原爆（プルトニウム原爆）をつくるために原子炉と再処理が必要であった。原子炉は後に発電と船舶推進（軍艦と民間船）に転用される。核兵器や核燃料をつくるためにウランを濃縮するときの副産物が劣化ウランである。核開発の三点セット（ウラン濃縮工場、原子炉、再処理工場）をすべて持っているのは核兵器保有国と日本だけである（小出 2006）。ウラン鉱山は軍事利用と民事利用の共通の出発点である。最初の原発である東海一号（一九九八年に廃炉）は天然ウラン燃料使用のもので、使用済み核燃料は英国の原爆に転用された疑いがある。現在操業中の五五基の原発は米国式の濃縮ウラン燃料使用のもので、燃料製造の副産物である劣化ウランが米国の劣化ウラン兵器に流用された疑いがある。日本の電力会社はウラン濃縮の多くを米国に依存しており、ウラン濃縮過程で発生する劣化ウランについては所有権を放棄するからである。また高速増殖炉の炉心周囲からは核兵器級プルトニウムを容易に取り出すことができる。日本が執着するプルトニウム路線（核燃料再処理、高速増殖炉、軽水炉のプルサーマル運転の推進）は「潜在的核武装」のためではないかと海外で疑われている（大庭 2005；鈴木 2006；吉田 2007；槌田・藤田ほか 2007などを参照）。原爆投下の目的はソ連威嚇と人体実験であったと見られるが（木村 2006）、日本の右派は、原爆を浴びた日本には核武装の権利があると主張する。(11)

広島・長崎の「二重被爆」はドキュメンタリー映画（二〇〇六年）にもなったが、長崎原爆と原発被曝労働の「二重ひばく」の例もあるという（肥田 2004）。

米国のイラク問題やロシアのチェチェン問題に典型的に見られるような「核大国の暴走」の背

表1－6　代表的な核分裂反応の比較

| | 核分裂した（する）ウランの量 | ウランの内容 | 核分裂連鎖反応の様態 |
|---|---|---|---|
| 東海村 JCO 臨界事故（1999年） | 1 mg（20時間） | 中濃縮ウラン（ウラン235が20％程度） | 暴　走 |
| 広島原爆（1945年） | 1 kg（1秒以下） | 高濃縮ウラン（ウラン235が90％程度） | 暴　走 |
| 100万 kw 原発の平常運転（1970年代以降） | 1トン（1年間） | 低濃縮ウラン（ウラン235が4％程度） | 制　御 |

出典：土井淑平・小出裕章『人形峠ウラン鉱害裁判』（批評社，2001年）22頁の表に加筆。「大型原発を1年間運転すると広島原発1000発分の死の灰ができる」とよく言われるのは，この数字をさす。また，商業原発では低濃縮ウランが，原子力潜水艦・原子力空母では高濃縮ウランが用いられる。原発と同じ原子炉に原爆と同じウランを装荷する海軍原子炉は，原発よりも危険である。原発は事故が起こったときの影響が大きいので，人口の少ない玄海町には設置できるが，やや人口の多い隣の唐津市には設置できない（過疎地差別の制度化）。しかし，さらに人口の多い佐世保に米海軍の原子力艦船が寄港することは自由である（対米従属と二重基準）。なお，火力発電所は大都市にも設置できる。

景にその特権意識があることは言うまでもないだろう（森住 2005；林・大富 2004）。

**構造的暴力としての資本主義**

七〇年代から八〇年代にかけて開始された新自由主義と軍国主義の潮流（ピノチェット、サッチャー、レーガン、中曽根に象徴される）が、環境破壊、資源浪費、公害輸出（日本弁護士連合会編 1991；戸田 1994などを参照）、貧富の格差の拡大、戦争の悪循環をもたらしてきた。ソ連型「社会主義」の崩壊という「敵失」によって「勝った」と錯覚した資本主義の暴走（宮嶋 1994；林 2007などを参照）を止めることが、持続可能で公平な社会をめざすための必要条件である。

グローバル資本主義（ハーヴェイ 2005；同 2007；栗原 2008などを参照）の新自由

主義的で軍国主義的な構造を克服して、脱軍事化、脱化石燃料、脱原子力、脱クルマ社会、脱牛肉文明の「持続可能で公平な社会」をつくることが求められている。自然エネルギーを基本とした平等な社会のモデルが必要である（フィッシャー・ポニア編 2003；郭・戸崎・横山編 2005；田中 2006；明治大学軍縮平和研究所編 2006；シヴァ 2007；田中 2007などを参照）。増大が予想される資源紛争（水、食料、エネルギーなど）をおさえるには、先進国の浪費構造を克服するしかない。

先進国の現在世代の過剰消費と環境破壊は、将来世代の生存基盤を脅かしている（綿貫・吉田 2005）。先進国の中産階級以上［と発展途上国の上層階級］の集団的エゴイズムである。先進国でもワーキングプアが増えており、「北のなかの第三世界」ができつつある。私たちはたとえば三〇世紀に生きる子孫の批判にも耐えられる文明をいかにしてつくれるであろうか。アメリカ先住民の思想に「七世代先の子孫のことを考えて行動しよう」というものがあると言われるが、そうした知恵に学ぶべきであろう。

人類と類人猿が共通祖先から分岐したのは約七〇〇万年前である。ヒトおよびその直系祖先たちは、近い親戚たち（パラントロプス、北京原人、ネアンデルタール人など）を絶滅させ、現在では遠い親戚たち（ボノボ、チンパンジーなど）を絶滅の瀬戸際に追い詰めている。トラ、サイ、ゾウ、ジュゴンなどが急速に減少している。地球は人類だけのものだろうか。人類のオーバープレゼンス（消費爆発と人口爆発）を軌道修正していくことが、「地球との平和」の必要条件であろう。(12)

### 構造的暴力としてのソ連型社会主義を克服してエコ社会主義へ

ソ連型社会主義は、構造的暴力としての資本主義への代案を提示できなかった。ある種の構造的暴力の様相（強制収容所、言論抑圧など）を示すとともに、資源・環境面でも多くの問題をかかえていたことも、ソ連崩壊の要因であろう。[13] 有機農業と医療で注目されるキューバ[14]など、現存社会主義の積極的側面を生かしながら、エコ社会主義[15]への新たな展望を模索していくことが必要であると思われる。

## Ⅳ　環境学と平和学

「戦争と環境破壊の時代」を克服するために必要な「環境学と平和学の連携」（戸田 2003）の必要性は、次のようなことによって示唆される。

① 戦争は最大の環境破壊（環境汚染、自然破壊）である。原爆投下、ベトナム枯葉作戦、絨毯爆撃、劣化ウラン兵器などがその典型である。
② 先進国の大量浪費社会、南北格差という構造的暴力を維持するために軍事介入がなされる
③ 先進国の大企業の投資や利益を守るために軍事介入がなされる。
④ 軍事占領によって資源の不公平分配がなされる。イスラエルとパレスチナの水問題はその典型である。
⑤ 乏しくなっていく資源をめぐる武力紛争が発展途上国間や内戦という形でも起こりうる。

⑥戦争がないときでも軍事基地、車両、航空機、艦船などが日常的に環境汚染をもたらす。軍用車両、航空機、艦船は燃費が悪いので資源浪費を加速する。

⑦有害物質規制などで軍事利用と民事利用の二重基準がある。発癌物質プロピレンオキサイドを例にとれば、民事利用では排出を厳しく規制されるが、燃料気化爆弾としての大量排出は許容される。劣化ウランなども同様である。

⑧軍事利用の民事転用（原子力潜水艦から原発へなど）や民事利用の軍事転用（枯葉作戦での農薬利用など）が大きな役割を果たしている。ビキニ被爆者を「人柱」として原発技術は導入された（日本政府の対米交渉の姿勢は、ビキニ被災者には補償金でなく見舞金でよい、米国の今後の核実験にも反対しない、その代わりに原発技術を恵んでほしい、というものであった）

⑨科学者、技術者、研究資金などが軍事に動員され、環境や福祉への資源配分が少なくなる。

⑩自然破壊は「地球との戦争」としてもとらえることができる。人類と奴隷（家畜）が増え、野生生物が種の数も個体数も減少している（なお、人類のなかの奴隷労働もなくなってはいない）。

（1）　たとえば次の諸文献を参照。寺西俊一「環境破壊からみた湾岸戦争」経済理論学会有志編『湾岸戦争を問う』（経済理論学会有志、一九九一年）、青山貞一「湾岸戦争と大気汚染」『公害研究』21巻3号（岩波書店、一九九二年）、大場英樹『環境問題の世界史』（公害対策技術同友会、一九七九年）、大島堅一ほか「軍事活動と環境問題：「平和と環境保全の世紀」をめざして」日本環境会議編『アジア環境白書2003／04』（東洋経済新報社、二〇〇三年）、田中優『戦争をやめさせ環境破壊をくいとめる新しい社会のつくり方』（合同出版、二〇〇五年）、田中優『戦争って、環境問題と関係ないと思ってた』（岩波ブックレッ

ト、二〇〇六年）、戸田清「二〇〇七年度第六回長崎平和研究講座　環境学と平和学の接点　公害と戦争を中心に」『長崎平和研究』二五号、（長崎平和研究所、二〇〇八年）。
Joel Kovel, 2008, The Ecological Implication of the War, Müge Sökmen ed, *The World Tribunal on Iraq: Making the Case against War*, Common Courage Press.

（2）たとえば、ヨハン・ガルトゥング、藤田明史編『ガルトゥング平和学入門』（法律文化社、二〇〇三年）を参照。ほかにもガルトゥングの邦訳は多数ある。

（3）寺西俊一『地球環境問題の政治経済学』東洋経済新報社、一九九二年、第4章、の説明がわかりやすい。

（4）青木（2008）の巻末のコラムは〃軍縮を語らない「温暖化防止」キャンペーンのインチキ〃と題されているが、まったくその通りであろう。乗用車の平均燃費については、石田靖彦「バイオエタノールは希望の代替燃料なのか」『週刊金曜日』二〇〇八年六月一三日号。シャーマン戦車の燃費は増田善信「酸性雨調査研究会第四回市民セミナー　戦争・軍事演習と地球温暖化」二〇〇八年五月一七日。

（5）また、未見であるが、ルース・シヴァードは軍事による資源浪費に詳しい研究者で、Ruth L. Sivard, *World Military and Social Expenditures 1996*, World Priorities Incorporated, 1996. などの著書がある。炭酸ガス排出は前掲増田講演による。自衛隊の炭酸ガスは、石井徹「環境元年　第六部　文明ウォーズ5」『朝日新聞』二〇〇八年一二月六日。

（6）「中国情報局NEWS」サイトの「たばこで死者一〇〇万人、衛生部が受動喫煙防止訴え」http://news.searchina.ne.jp/disp.cgi?y=2007&d=0530&f=national_0530_001.shtml（二〇〇七年八月一〇日検索）日本の煙草病死者数の新しい推計値は『朝日新聞』二〇〇八年一二月二二日。

（7）認定患者数については、山田貴己「カネミ油症の治療拠点　研究センター開設　九大病院」『長崎新聞』二〇〇八年五月九日一面。また、カネミ油症と並ぶ「古典的な食品公害」に森永砒素ミルク事件（一九五五年）があるが、左記がわかりやすい。
中島貴子「森永ヒ素ミルク中毒事件50年目の課題」『社会技術研究論文集』三巻九〇～一〇一頁、二〇〇五年。

http://shakai-gijutsu.org/ronbun3/p090-101.pdf

（8）米国政府と読売新聞の協調もあって原発導入が促進された経緯については、有馬哲夫『原発・正力・CIA』新潮新書、二〇〇八年。

（9）アスベストについては、粟野仁雄『アスベスト禍　国家的不作為のツケ』（集英社新書、二〇〇六年）などを参照。なお、〇五〜〇六年のアスベスト労災認定一覧が公表されたが、九州では長崎県の五二件（最多は佐世保重工一一件）、福岡県の三三件が突出している（「アスベスト労災事業場」『朝日新聞』二〇〇八年三月二九日、別刷り特集）。〇八年六月一二日の追加公表（六月一三日各紙）によると、三菱重工長崎造船所もやはり多い（四八件）ことがわかった。

（10）原発については、小出裕章・足立明『原子力と共存できるか』（かもがわ出版、一九九七年）、高木仁三郎『原子力神話からの解放』（光文社、二〇〇〇年）、広河隆一『原発被曝　東海村とチェルノブイリの教訓』（講談社、二〇〇一年）などを参照。班目教授の発言は映画『六ヶ所村ラプソディ』（鎌仲ひとみ監督、二〇〇七年）による。なお、高レベル放射性廃棄物の最終処分場の候補地のなかには長崎県の対馬と五島もある。また、原発より危険な原子力軍艦については、『東京湾の原子力空母』原子力空母横須賀母港化を許さない全国連絡会編（新泉社、二〇〇八年）を参照。

（11）右派の議論については、中西輝政編『「日本核武装」の論点』（PHP研究所、二〇〇六年）。

（12）自然生態系の破壊と漁業や地域社会の破壊をもたらした公共事業の例について、たとえば松橋隆司『宝の海を取り戻せ　諫早湾干拓と有明海の未来』（新日本出版社、二〇〇八年）を参照。野生生物との共生だけでなく、畜産物大量消費の見直しも必要であろう。ジェレミー・リフキン、北濃秋子訳『脱牛肉文明への挑戦　繁栄と健康の神話を撃つ』（ダイヤモンド社、一九九三年）、チャールズ・パターソン、戸田清訳『永遠の絶滅収容所　動物虐待とホロコースト』（緑風出版、二〇〇七年）を参照。

（13）現存社会主義の環境問題については、たとえば次の諸文献を参照。マーシャル・ゴールドマン、都留重人監訳『ソ連における環境汚染：進歩が何を与えたか』（岩波書店、一九七三年）、ボリス・カマロフ、西野健三訳『シベリアが死ぬ時』（アンヴィエル、一九七九年）、ジョレス・メドヴェージェフ、梅林宏道訳

『ウラルの核惨事』(技術と人間、一九八二年)、ユーリー・シチェルバク、松岡信夫訳『チェルノブイリからの証言』(技術と人間、一九八八年)、ユーリー・シチェルバク、松岡信夫訳『チェルノブイリからの証言　続』(技術と人間、一九八九年)、ジョレス・メドヴェージェフ、吉本晋一郎訳『チェルノブイリの遺産』(みすず書房、一九九二年)、中国研究所編『中国の環境問題』(新評論、一九九五年)、戴晴編、鷲見一夫ほか訳『三峡ダム：建設の是非をめぐっての論争』(築地書館、一九九六年)、森住卓『セミパラチンスク　草原の民・核汚染の50年』(高文研、一九九九年)、鷲見一夫ほか『三峡ダムと住民移転問題　一〇〇万人以上の住民を立ち退かせることができるのか？』(明窓出版、二〇〇三年)、エリザベス・エコノミー、片岡夏実訳『中国環境リポート』(築地書館、二〇〇五年)、原剛編『中国は持続可能な社会か　農業と環境問題から検証する』(同友館、二〇〇五年)、寺西俊一監修・東アジア環境情報発伝所編『環境共同体としての日中韓』(集英社新書、二〇〇六年)、相川泰『中国汚染　「公害大陸」の環境報告』(ソフトバンク新書、二〇〇八年)。

(14) キューバについては、たとえば次の諸文献を参照。首都圏コープ事業連合編『有機農業大国キューバの風』(緑風出版、二〇〇二年)、吉田太郎『二〇〇万都市が有機野菜で自給できるわけ　都市農業大国キューバ・リポート』(築地書館、二〇〇二年)、同『有機農業が国を変えた　小さなキューバの大きな実験』(コモンズ、二〇〇二年)、同『一〇〇〇万人が反グローバリズムで自給・自立できるわけ　スローライフ大国キューバ・リポート』(築地書館、二〇〇四年)、同『世界がキューバ医療を手本にするわけ』(築地書館、二〇〇七年)、同『世界がキューバの高学力に注目するわけ』(築地書館、二〇〇八年)、吉田沙由里(アレイダ・ゲバラ寄稿)『小さな国の大きな奇跡　キューバ人が心豊かに暮らす理由』(WAVE出版、二〇〇八年)。

(15) エコ社会主義については、たとえば次の諸文献を参照。アンドレ・ゴルツ、高橋武智訳『エコロジスト宣言』(緑風出版、一九八三年)、いいだもも『赤と緑：社会主義とエコロジスム』(緑風出版、一九八六年)、メアリ・メラー、寿福真美・後藤浩子訳『境界線を破る！　エコ・フェミ社会主義に向かって』(新評論、一九九三年)、キャロリン・マーチャント、川本隆史ほか訳『ラディカル・エコロジー　住みよい世界を求めて』（産業図書、一九九四年）、デヴィッド・ペッパー、小倉武一訳『エコロジーの社会生態社会主義』（農山漁村文化協会、一九九六年）、武田一博『市場社会から共生社会へ』（青木書店、一九九八年）、ジョン・ベラミー・フォスター、渡辺景子訳『破壊されゆく地球』（こぶし書房、二〇〇一年）、韓立新『エコロジーとマルクス』（時潮社、二〇〇一年）、佐々木力『21世紀のマルクス主義』（ちくま学芸文庫、二〇〇六年）、島崎隆『エコマルクス主義』（知泉書房、二〇〇七年）、杉田聡『「日本は先進国」のウソ』（平凡社新書、二〇〇八年）、Joel Kovel, *The Enemy of Nature: The End of Capitalism or the End of the World?*, second edition, Zed Books, 2007.（戸田清訳『自然の敵（仮題）』緑風出版、近刊）。

**【引用および参考文献】**


青山貞一 1992「湾岸戦争と環境悪化」『世界　臨時増刊　世界を読むキーワードⅢ』岩波書店

青木秀和 2008『「お金」崩壊』集英社新書

明石昇二郎 2007『原発崩壊』金曜日

アンドレアス、ジョエル 2002『戦争中毒：アメリカが軍国主義を脱け出せない本当の理由』きくちゆみ監訳、合同出版

飯島伸子・渡辺伸一・藤川賢 2007『公害被害放置の社会学　イタイイタイ病・カドミウム問題の歴史と現在』東信堂

梅林宏道 1998『アジア米軍と新ガイドライン』岩波ブックレット

大石又七 2003『ビキニ事件の真実』みすず書房

大庭里美 2005『核拡散と原発　希望の種子を広げるために』南方新社

郭洋春・戸崎純・横山正樹編 2005『環境平和学　サブシステンスの危機にどう立ち向かうか』法律文化社

カネミ油症被害者支援センター編 2006『カネミ油症　過去・現在・未来』緑風出版

木村朗 2006『危機の時代の平和学』法律文化社

木村朗編 2007『9・11事件の省察　偽りの反テロ戦争とつくられる戦争構造』凱風社
栗原康 2008『G8サミット体制とはなにか』以文社
クレア、マイケル 2004『血と油　アメリカの石油獲得戦争』柴田裕之訳、NHK出版
グローバルヒバクシャ研究会編 2006『いまに問う　ヒバクシャと戦後補償』凱風社
原爆症認定近畿訴訟弁護団 2007『全員勝ったで！　原爆症近畿訴訟の全面勝訴を全国に』安斎育郎監修、かもがわ出版
小出裕章 2006「核と原子力は同じもの　日本の核燃料サイクルの現状」『えんとろぴい』五七号、エントロピー学会
坂昇二・前田栄作 2007『完全シミュレーション　日本を滅ぼす原発大災害』小出裕章監修、風媒社
シヴァ、ヴァンダナ 2007『アース・デモクラシー　地球と生命の多様性に根ざした民主主義』山本規雄訳、明石書店
シャー、ソニア 2007『石油の呪縛と人類』岡崎玲子訳、集英社新書
ショア、ジュリエット 2000『浪費するアメリカ人　なぜ要らないものまで欲しがるか』森岡孝二監訳、岩波書店
鈴木真奈美 2006『核大国化する日本　平和利用と核武装論』平凡社新書
ストックホルム国際平和研究所編 1979『ベトナム戦争と生態系破壊』岸由二・伊藤嘉昭訳、岩波書店
田中優 2006『戦争って、環境問題と関係ないと思ってた』岩波ブックレット
田中優 2007『地球温暖化　人類滅亡のシナリオは回避できるか』扶桑社新書
津田敏秀 2004『医学者は公害事件で何をしてきたのか』岩波書店
槌田敦・藤田祐幸ほか 2007『隠して核武装する日本』影書房
デヴィッド・グリフィン 2007『9・11事件は謀略か　「21世紀の真珠湾攻撃」とブッシュ政権』きくちゆみ・戸田清訳、緑風出版
寺西俊一 2003「環境から軍事を問う」『環境と公害』三三巻四号、岩波書店

土井淑平・小出裕章 2001『人形峠ウラン鉱害裁判』批評社
童子丸開 2007『「WTC（世界貿易センター）ビル崩壊」の徹底究明　破綻した米国政府の「9・11」公式説』社会評論社
戸田清 1994『環境的公正を求めて』新曜社
戸田清 2003『環境学と平和学』新泉社
戸田清 2006「水俣病事件における食品衛生法と憲法」『総合環境研究』（長崎大学環境科学部）八巻一号
戸田清 2007「先進国の資源浪費は集団的エゴイズム」『大法輪』二〇〇七年一一月号
戸田清 2008「アメリカ的生活様式を考える」総合人間学会編『総合人間学2　自然と人間の破壊に抗して』学文社
中村梧郎 1995『戦場の枯葉剤　ベトナム・アメリカ・韓国』岩波書店
中村梧郎 2005『新版　母は枯葉剤を浴びた　ダイオキシンの傷あと』岩波現代文庫
中嶌哲演 2006「『原発銀座・若狭』から　問い直される『もんじゅ』の意味」『えんとろぴい』五七号、エントロピー学会
西山俊彦 2003『一極覇権主義とキリスト教の役割』フリープレス
日本弁護士連合会公害対策・環境保全委員会編 1991『日本の公害輸出と環境破壊　東南アジアにおける企業進出とODA』日本評論社
ハーヴェイ、デヴィッド 2005『ニュー・インペリアリズム』本橋哲也訳、青木書店
ハーヴェイ、デヴィッド 2007『新自由主義』渡辺治監訳、森田成也ほか訳、作品社
畑明郎・上園昌武編 2007『公害湮滅の構造と環境問題』世界思想社
バーテル、ロザリー 2005『戦争はいかに地球を破壊するか　最新兵器と生命の惑星』振津かつみほか訳、緑風出版
林克明・大富亮 2004『チェチェンで何が起こっているのか』高文研
林直道 2007『強奪の資本主義』新日本出版社

樋口健二 2003『闇に消される原発被曝者』御茶の水書房
肥田舜太郎 2004『ヒロシマを生きのびて　被爆医師の戦後史』あけび書房
広河隆一 2002『パレスチナ　新版』岩波新書
フィッシャー、ウィリアム、トマス・ポニア編 2003『もうひとつの世界は可能だ』加藤哲郎監修、日本経済評論社
福地曠昭 1996『基地と環境破壊―沖縄における複合汚染』同時代社
藤田祐幸 1996『知られざる原発被曝労働　ある青年の死を追って』岩波ブックレット
マクウェイグ、リンダ 2005『ピーク・オイル　石油争乱と21世紀経済の行方』益岡賢訳、作品社
柳田耕一 2004『アメリカ中毒症候群』ほんの木
宮田律 2006『軍産複合体のアメリカ』青灯社
宮嶋信夫 1991『石油資源の支配と抗争』緑風出版
宮嶋信夫 1994『大量浪費社会　大量生産・大量販売・大量廃棄の仕組み　増補版』技術と人間
宮澤信雄 1997『水俣病事件四十年』葦書房
宮澤信雄 2007『水俣病事件と認定制度』熊本日日新聞社
明治大学軍縮平和研究所編 2006『季刊軍縮地球市民』六号（特集　環境平和学のススメ）、西田書店
森住卓 2005『イラク　占領と核汚染』高文研
八木正編 1989『原発は差別で動く』明石書店
劣化ウラン研究会 2003『放射能兵器劣化ウラン』技術と人間
レンナー、マイケル 1991「軍事活動による環境破壊」レスター・ブラウン編、加藤三郎監訳『地球白書 1991－92』ダイヤモンド社
山崎清ほか 2008『環境危機はつくり話か』緑風出版
吉田栄士 1996「米軍横田基地と公害」『環境と公害』二六巻二号、岩波書店
吉田義久 2007『アメリカの核支配と日本の核武装』編集工房朔

吉田健正 2007『「軍事植民地」沖縄』高文研
綿貫礼子・吉田由布子 2005『未来世代への「戦争」が始まっている　ミナマタ・ベトナム・チェルノブイリ』岩波書店
ワケナゲル、マティースほか 2005『エコロジカル・フットプリントの活用』五頭美知訳、合同出版
Gilbert Burnham et al., 2006, Mortality after the 2003 invasion of Iraq: a cross-sectional cluster sample survey, *The Lancet*, vol. 368, pp. 1421-1428

【映　像】

チッソ水俣病関西訴訟を支える会 2004『水俣病の虚像と実像』、ＶＨＳビデオ

# 第2章 環境正義と社会

いわゆる「環境正義（環境的公正）」の思想の意義について、まとめてみたい。環境正義とは、環境保全と社会的正義・公正・平等を統合する思想である。環境破壊に「金持ちや権力者が壊して、貧乏人が被害を受ける」というような構造があることは、かねてから指摘されてきた。米国人や日本人が資源を浪費することで、第三世界や将来世代、さらには自然界が犠牲を被ることも、よく議論される。持続可能で公平な社会をつくろうとするのが、環境正義の思想である。従来の開発主義とはもちろんのこと、いわゆる「エコファシズム」（人間の内部での格差を維持したまま、人間と自然界の均衡をはかる考え方）とも対極にある思想である。

## I　アフリカ系米国人、米国先住民、在日コリアンなどマイノリティの環境権

環境正義（environmental justice）という言葉は、環境人種差別（environmental racism）という言

葉とセットのようにして、一九八二年頃に米国でよく使われるようになった。アフリカ系米国人（黒人）や米国先住民（アメリカ・インディアン）の居住地域の近くに有害廃棄物処分場などが立地されることが多い問題などが、公民権運動の経験者などによって、環境面の差別としてとらえられるようになったためである。米国の社会学者でアフリカ系のロバート・ブラードなどが先駆的な研究者としてよく知られている（Bullard and Wright 1992＝1993；Bullard 1994）。

環境正義や環境人種差別の文脈でとりあげられる典型的な事例については、ジャーナリスト、マーク・ダウィの説明がわかりやすい（Dowie 1995＝1998：182）。彼は、次のような例をあげている。

- アフリカ系米国人の乳児の血中鉛濃度が高い。工場、塗料、有鉛ガソリン（日本より規制が遅れた）などが原因である。
- ＥＰＡ（連邦政府の環境保護庁）の研究によると、有害廃棄物処分場はアフリカ系、ヒスパニック系低所得層の地域社会に立地されることが多い。焼却炉の立地する地域社会の有色人種比率（アフリカ系、アジア系、太平洋諸島系、先住民）が大きい。
- ウラン鉱山と放射性廃棄物の影響は、先住民保留地に集中している。ナバホ民族の一〇代の癌が全国平均の一七倍になる。
- ヒスパニック系農業労働者に農薬中毒が多い。レーガン政権はＥＰＡによる農薬中毒の統計作成を中止させた。
- 大都市中心部の黒人は大気汚染で喘息になる人が多い。死亡率は白人の五倍になる。

●主流環境団体の三分の一は有色人種のスタッフがいない。

こうした環境格差、健康格差の問題は、日本では経済学者の宮本憲一が、「公害の被害は生物的弱者や社会的弱者に集中する傾向がある」とまとめている（庄司・宮本 1975）。小泉政権時代に「格差社会」への関心が高まるなかで、経済格差とならんで「健康格差」の問題も改めて注目されるようになってきた（近藤 2005）。

米国先住民と核廃棄物について調査している地理学者の石山徳子は、「環境正義運動とは、環境保護と社会正義の理念を統合し、社会的弱者といえる貧困層やマイノリティの生活環境の改善に焦点をあてた市民運動を指す」（石山 2004：17）と定義している。「分配型正義」（核廃棄物施設が結果的にどこに立地されるか）と「過程型正義」（原発推進か脱原発かの決定を含む意思決定過程への参加、自治権）の問題があると指摘されているが、実体的正義と手続き的正義の問題と言い換えてもよいであろう。日本の若手研究者による米国の環境正義運動のフィールドワークの力作（石山 2004；鎌田 2006）は、是非多くの人に読んでほしい。

クリントン大統領は一九九四年に環境正義に関する大統領命令を出し、ＥＰＡに「環境正義事務局」を設置した。しかし、米国政府のいう環境正義は「国内マイノリティ（アフリカ系、先住民、メキシコ系）の環境運動への支援」に限定され、核政策や大国主義（帝国主義）と両立可能とされているような気がしてならない。ブッシュ政権といえども、ＥＰＡの環境正義担当部門を廃止しなかった（なお、ウェブサイトは、http://www.epa.gov/environmentaljustice/index.html である）。けれども、環境正義は、ＥＰＡの国内政策課題のひとつにとどまる。たとえば、環境正義の視点でペンタゴンの政策を見直すと大変なことになる。劣化ウラン兵器などの使用はもちろんのこと、アフガニスタン侵攻やイラク侵攻自体が許されないという当然の結論になるからだ。

日本でもマイノリティにとっての環境問題を扱うときに、「環境正義」がキーワードとなる事例がある。たとえば、大阪空港近辺の在日コリアン・コミュニティと騒音や移転補償の問題である（金菱 2006, 2008）。日本企業が米国の環境正義問題にかかわることもある。大手プラスチック会社信越化学が黒人低所得層の多い地域に塩化ビニル工場を立地しようとして、環境人種差別であると問題になった（本田 1999；本田ほか 2000）。

## Ⅱ　核開発と環境正義

二〇〇六年一一月二三日に元ロシア情報部員アレクサンドル・リトビネンコがロンドンで変死（毒殺と思われる）したことで「猛毒の放射性物質ポロニウム二一〇」に注目が集まった。半減期一三八日でアルファ線を出し、その摂取限度はわずか七ピコグラム（一兆分の七グラム）だという。リトビネンコは、プーチン政権の野蛮なチェチェン政策を批判していた。ポロニウムはキュリー夫妻によって一八九八年に発見され、マリー・キュリーの祖国ポーランドにちなんで命名された。ポロニウム二一〇はリン酸肥料由来（リン鉱石はウラン鉱石に次いでウランの含有量が多く、ポロニウムはウランから生じる）で煙草の煙に含まれる放射能としても有名で、喫煙者の肺癌、喉頭癌の原因の一部をなす。主流煙（喫煙者の肺に入る）よりも副流煙（周りの人の受動喫煙の原因になる）に多く含まれる。ポロニウムをめぐって核と直接的暴力と構造的暴力がつながっている。

核（nuclear）と原子力（atomic）は、軍事にも民事にも使われるが、日本ではなぜか「核兵器」「原子力発電」のように用語の棲み分けができてしまった。韓国の反原発運動は「核発電」に相当する言葉を使うが、日本ではほとんど使わない。しかし、政府、業界が推奨する「原子燃料」「原子燃料サイクル」という言葉はほとんど使われず、「核燃料」「核燃料サイクル」が定着してしまったことは興味深い。廃棄物は、「核廃棄物」あるいは「放射性廃棄物」と呼ばれる。大量破壊兵器については、以前は「ＡＢＣ兵器」と言っていたが、最近は「ＮＢＣ兵器」ということが多いようだ。ＡとＮは核（nuclear）、Ｂは生物（biological）、Ｃは化学（chemical）である。

核開発には、地球規模で環境正義の問題が最も典型的にあらわれていると言ってよいであろう。核燃料サイクルのなかでウラン鉱山は最大の被曝源であるが（戸田 2003b）、アメリカやカナダの先住民が大きな影響を受けた。原爆開発のマンハッタン計画では、ベルギー領コンゴ（当時）の住民が採掘にかり出されている。原発における被曝労働は電力会社の社員に比べて圧倒的に下請け労働者に集中し、下請け労働者の供給源は、低賃金労働者やマイノリティ（山谷、釜が崎、出稼ぎ農民、炭坑離職者、黒人、旧植民地人など）である。核実験も、先住民、少数民族などマイノリティに被害が集中し、豊崎博光は「ニュークリア・レイシズム」（核の人種差別）と呼んでいる（グローバルヒバクシャ研究会編 2006）。ネバダ州の核実験場でも、風がロサンゼルスやラスベガスのような大都市の方向に吹くときには実験を停止し、ネバダ州やユタ州の過疎地域に向かって吹くときに行っていたので、地域差別でもあった。原発は電力の大量消費を支える道具である。東京電力は自社管内に原発を持たず、隣の会社（東北電力、北陸電力）の土地に原発を立地して、首都圏の大量消費を支えている。原発銀座若狭の住職中嶌哲演は、原発問題で問われているのは、「安全神話」はもとより、「必要神話」そのものではないかと指摘する（中嶌 2006）。

歴史的に見ると、核の民事利用は軍事利用の副産物にすぎない。広島原爆（ウラン原爆）をつくるためにウラン濃縮が必要であった。長崎原爆（プルトニウム原爆）をつくるために原子炉と再処理が必要であった。原子炉は後に発電と船舶推進（軍艦と民間船）に転用される。核兵器や核燃料をつくるためにウランを濃縮するときの副産物が劣化ウランである。核開発の三点セット（ウラン濃縮工場、原子炉、再処理工場）をすべて持っているのは核兵器保有国と日本だけである（小出 2006）。日本は核燃料再処理とプルサーマル運転を国策とし、原爆五〇〇〇発分のプルトニウムをためこんでいる。安倍晋三元首相の周辺は、核兵器保有に前向きのようであった（中西編 2006）。原爆投下の目的はソ連威嚇と人体実験であったと見られるが（木村 2006）、日本の右派は、原爆を浴びた日本には核武装の権利があると主張する。

広島・長崎の「二重被爆」はドキュメンタリー映画（二〇〇〇年）にもなったが、長崎原爆と原発被曝労働の「二重ひばく」の例もあるという（肥田 2004：194）。

米国のイラク問題やロシアのチェチェン問題に典型的に見られるような「核大国の暴走」の背景にその特権意識があることは言うまでもないだろう（森住 2005；林・大富 2004）。

## Ⅲ　資源・環境問題と南北格差・戦争

世界人口の五％を占める米国が世界のＧＤＰの約三〇％（戦後すぐには五〇％）、世界の軍事費の約五〇％を占めている。一九四八年にジョージ・ケナンが次のごとく示唆したように、こうした不平等を維持するために、いざというときには、力の行使が必要となる。

アメリカは世界の富の五〇％を手にしていながら、人口は世界の六・三％を占めるにすぎない。これではかならず羨望と反発の的になる。今後われわれにとって最大の課題は、このような格差を維持しつつ、それがアメリカの国益を損なうことのないような国際関係を築くことだろう。それにはあらゆる感傷や夢想を拭い去り、さしあたっての国益追求に専念しなければならない。博愛主義や世界に慈善をほどこすといった贅沢な観念は、われわれを欺くものだ。人権、生活水準の向上、民主化などのあいまいで非現実的な目標は論外である。遠からず、むき出しの力で事に当たらねばならないときがくる　（西山 2003 : 212）

世界の資源の二五％を「必要」とするという一九九七年のクリントン大統領の発言もケナン論文の延長にある（梅林 1998 : 25 ; 西山 2003 : 213 ; 戸田 2003b : 26）。「不平等を維持するために軍隊が必要」なのである（梅林 1998 : 25）。世界に占める米国のシェアが人口五％、喫煙関連疾患九％、炭酸ガス排出二三%、原発の数二四%、牛肉消費二四%、石油消費二五%、自動車保有二六%、GDP二八%、紙の消費二九%、銃保有三三%、軍事費四五%、違法麻薬消費五〇%、戦略核兵器五三%であるというのは、「アメリカ問題」を象徴する数字である(戸田 2007)。不必要なものをたくさん生産して家計に押し込むためには、大量の広告が必要となる。世界の広告費に占めるシェアは、米国が六五%、日本が一二%である(Draffan 2003 : 10)。

二〇世紀の石油文明が「大量採取・大量生産・大量消費・大量廃棄」(見田 1996)のシステムを形成した。石油浪費文明の形成を先導したのは、米英海軍と米国自動車産業であったと言ってよい。一九四二年(原爆開発のマンハッタン計画始動)以降の原子力を組み込んだ石油文明は、「後期石油文明」と言ってよいであろう。槌田敦が指摘したように、「原子力は石油の缶詰」であって、原子力開発には大量の石油が必要である(槌田 1978)。原子力発電所自体は炭酸ガスを出さないが、核燃料サイクル全体では大量の化石燃料を消費する。たとえば、米国オークリッジのウラン濃縮工場は、百万キロワット火力発電所二基によって支えられている(Caldicott 1994 : 56)。

南北問題・南北格差を考えるとき、少なくとも、経済格差、健康格差、資源格差、環境格差などを考慮すべきであろう。最低賃金の時給は、東京都で約七〇〇円、長崎県で約六一〇円である(『朝日新聞』二〇〇六年七月二七日)。米国でも六~七ドル前後であるから、日本とあまり変わらない。ニューオーリンズのマルディグラという祭りで使われるビーズを福建省の工場で日給約三ドル、一日一二時間労働の若い女子労働者がつくる様子が米国の映像作品で描かれている。スチレン(神経毒、発癌性)の蒸気を吸い込んで健康も害するかもしれない(NHK 2006)。一九九六年の平均寿命は日本で八〇歳、インドで六三歳、乳幼児死亡率は日本で一〇〇〇人あたり六人、インドで八五人であった（戸田 2003b : 173）。インドは地域大国・ＩＴ先進国・「核保有国」でもある。アフガニスタン、シエラレオネ、ハイチなど「最貧国」の保健指標ははるかに深刻である。

一人あたり資源消費の格差を示す指標はいくつもあるが、最もポピュラーなものは、カナダで開発された「エコロジカル・フットプリント」である（Wackernagel and Rees 1996＝2004 ; Chambers, Simmons and Wackernagel 2000＝2005）。資源消費をいくつかの仮定をおいて面積に換算するもので、世界自然保護基金（ＷＷＦ）の試算によると、米国は九・五ヘクタール、日本は四・三ヘクタール、世界の公平割り当ては一・八ヘクタールである。世界中の人が日本並みの生活をすると「二・四個の地球」が、米国並みの生活をすると「五・三個の地球」が必要になるという（Chambers, Simmons and Wackernagel 2000＝2005 : 167）。人類全体の資源消費は、地球の容量を二〇％ほど超過（オーバーシュート）した状況になっている。

ノルウェーの平和学者ヨハン・ガルトゥングは、一九六九年に「直接的暴力」と「構造的暴力」の概念を提起し、一九八〇年代に「文化的暴力」を付け加えて、平和学を革新するとともに、社会諸科学に大きな影響を与えた（Galtung 1998＝2006）。殺人、強姦、戦争のように加害の意思が明確なものが直接的暴力であり、有害商品の合法的販売、経済制裁、世界銀行・国際通貨基金の構造調整プログラム（ＳＡＰ）、自動車中心の交通体系のように、加害の意思が明確でないが、社会の構造を通じて生命や健康の損失が生じるものが構造的暴力である。暴力を正当化する言説などは、文化的暴力である。煙草会社の目的は利潤獲得であって、病気の生産ではないが、年間に世界で五〇〇万人、米国で四五万人、日本で一一〇万人が喫煙関連疾患で死亡する。経済制裁やSAPでは乳幼児死亡率が増大する（戸田 2003b）。先進国は自動車保有台数の六〇％を占めるが、交通事故死者数の一四％を占めるにすぎない。発展途上国は自動車保有台数の四〇％を占めるにすぎないのに、交通事故死者数の八六％を占める（Williams 2004＝2005：110）。世界社会における貧富の格差という構造的暴力によって、クルマ社会のインフラが発展途上国では未整備であり、先進国がクルマ社会の便利さを相対的に多く享受しているのに対して、発展途上国はクルマ社会のリスクを相対的に多く被っている。SAPの理論的背景はネオリベラル経済学である。軍国主義やネオリベラル経済学や「対テロ戦争」の言説は、代表的な文化的暴力である。従来暴力といえば人間に対する暴力を想定するものであったが、ガルトゥングは「自然に対する暴力」も射程に入れている（Galtung 1996：33）。

階級分化がすすんでからの前近代社会は、奴隷制、封建制のように、身分社会という意味で不平等が制度化されており、構造的暴力を再生産するものであった。この約五百年間の近世・近代社会は、形式的平等は次第に進展したが（民主化）、実質的不平等は存続している。世界システム論の観点から言えば、資本主義世界システムは階級格差と人種差別を制度化している（Wallerstein 2003＝2004；宮寺 2006）。フェミニスト世界システム論の観点から言えば、資本主義世界システムはそれらに加えて、女性と自然に対する抑圧も本質的要素として組み込んでいる（宮寺 2006）。

カナダのジャーナリスト、ナオミ・クラインは、友人からの手紙の一節を紹介する。

共感・同情というのは決して平等ではない。死のヒエラルキーは、本当にひどいものだ。一人のアメリカ人の死は、二人の欧州人の死に匹敵し、一〇人のユーゴスラビア人、五〇人のアラブ人、二〇〇人のアフリカ人の死に匹敵する。それには権力と、富と、人種が関係する。

(Klein 2002=2003 : 32)

旧ユーゴ、アフガニスタン、イラク、レバノンなどで目撃された「空爆の思想」は、欧米人やイスラエル人の死者を減らすことを優先する人種主義である。二〇世紀前半に全体主義(ナチスドイツ、大日本帝国)が始めた都市無差別爆撃(ゲルニカ、重慶)をエスカレートさせたのは、民主主義の英米(ドレスデン、東京、広島、長崎)であった。戦争は、その目的(先進国の浪費の維持)においても手段(空爆)においても、人種主義を内蔵している。東京裁判は「間違っていた」わけではないが、著しく不完全なものであった。米国などの目から見て裁いてよい日本の戦争犯罪が裁かれ、裁くのは都合が悪い戦争犯罪(七三一部隊など)は免責された。原爆投下をはじめとする戦勝国の戦争犯罪はもちろん免責された。平和に対する罪、人道に対する罪、戦争犯罪を裁くという普遍主義は、かけ声だけに終わった。その結果、空爆、クラスター爆弾、劣化ウラン兵器などがいまも猛威をふるっている。ニュールンベルク裁判・東京裁判がめざすべきであった普遍主義を実現すればどうなるかを示すために、「民衆法廷」がある。もちろん民衆法廷に強制力はないが、ベトナム戦争、女性に対する犯罪、アフガニスタン戦争、イラク戦争などが俎上にあげられ、最新のものは、原爆投下を裁く国際民衆法廷・広島(二〇〇六年)である。

四〇〇年以上続いた領土獲得をめざす列強帝国主義は、二〇世紀後半には、領土拡大ではなく、資源と市場の確保・秩序維持を主眼とする現代帝国主義（米国を盟主とする集合的帝国主義）に移行した（渡辺・後藤編 2003）。現代帝国主義の時代は、変動相場制への移行あたりを境に、ケインズ主義から新自由主義（ネオリベラリズム）に移行した。軍事的ケインズ主義はもちろん連続しているが、ネオリベラリズムの時代になって民間軍事会社の比重は高まっている。従属的帝国主義としての日本も、小泉政権の新自由主義構造改革と軍事大国化に見られるように、このシステムへの「適応」に努力している。環境不正義も、グローバル資本主義の政治経済軍事文化構造との関連で理解すべきものであろう。クリントン政権のように環境正義問題を国内マイノリティの問題のそのまた一部分へと矮小化するのではなく、米国マイノリティの環境思想や第三世界の環境思想などを参照しながら、環境正義とグローバル正義を結びつけて理解する必要がある（Hofrichter, ed. 1993; Merchant, ed. 1994; 戸田 2003b; Trittin 2002＝2006）。

世界システムのサブシステムであり、やはり構造的不平等を克服できず、「効率」も悪かった「権威主義的社会主義」は二〇世紀末に崩壊した。しかしその遺産はすべて放棄すべきだというわけではない。ソ連崩壊後のキューバは、有機農業大国、医療援助大国としても、大きな存在感を示している。資本主義が構造的暴力を克服することは困難であると考えられる。資本主義に代わるシステムの構築は、課題であり続けている。

## Ⅳ　持続可能な社会と世代間正義

日本政府（経済産業省・文部科学省）は高レベル放射性廃棄物について三〇〇年間の隔離を要するとしているが、米国のエネルギー省は一万年間の隔離を要するという見解（石山 2004：49）である。しかし、「米国政府」が一万年も「持続可能」だろうか？　いまのような形（資本主義大国、軍事大国）で、二二世紀に存続しているかどうかさえあやしいであろう。ヘレン・コルディコット（反核運動で知られるオーストラリアの医師）は、放射能は半減期の二〇倍程度の期間は管理（人間環境からの隔離）が必要であると指摘する（Caldicott 1994：150）。二分の一の二〇乗はゼロに近いという理解である。セシウム一三七やストロンチウム九〇は半減期が約三〇年だから、六〇〇年、プルトニウム二三九は半減期が二万四〇〇〇年だから四八万年（約五〇万年）になる。現実的な判断であろう。劣化ウランの主成分であるウラン二三八は半減期が四五億年だから、二〇倍すると九〇〇億年になり、人類の消滅、地球生態系の消滅よりずっと先のことになろう。

米国の石油生産は一九七〇年にピークとなり、その後減り続けているが、世界全体の石油生産もそろそろピークを迎えるであろう。このように主張する「石油ピーク」の議論が有力である（Klare 2004＝2004；McQuaig 2004＝2005）。石油・天然ガスを土台とする石油文明は、数世紀のオーダーで考えるとき、明らかに持続不可能である。石炭はもう少し資源量が豊富であるが、地球温暖化がいっそう深刻になる。後期石油文明の重要な構成要素である原子力は、石油に依存しているので、石油文明に代わって原子力文明が成立することはない。石油と原子力の「恩恵」の享受が終わってからも、将来世代は核廃棄物という負の遺産は永久に管理しなければならない。核は「ニュークリア・レイシズム」や過疎地差別によって世代内の環境正義を大きく損なっているが、世代間の環境正義もまた大きく損なわれている。「予防原則」（大竹・東 2005）に大きく反するものであろう。

石油文明が終焉すれば、再び自然エネルギーを主体とするが、産業革命以前への逆戻りではなく、石油文明の正の遺産であるハイテクは活用されるだろう。しかし、エネルギー大量浪費を維持することはできない。自然エネルギーでも効率（投入あたりの産出）は高められるが、能率（時間あたりの産出）は石油文明の独壇場であろう。能率の高い技術を駆使して、「高速移動、大量生産、大量破壊」を実現した「アメリカ型文明」は、二一世紀に生き残ることができない。

米国は世界一の核発電大国であり、二位のフランス、三位の日本を大きく引き離している（「原子力発電」という言葉の使用はなるべく控えたい）。ブッシュ政権はカーター政権以来止まっていた核発電所の新設を、税制優遇などを用いて再開しようとしていたが、二〇〇八年に選出されたオバマ政権で見直されるのではないだろうか。

潜在的核武装の路線をとる「プルトニウム大国」日本（プルサーマル・高速増殖炉・核燃料再処理を推進）では、環境法が、環境基本法体系（環境省所管）と原子力基本法体系（文部科学省、経済産業省所管）に分断されている（戸田 2003b : 195）。環境基本法第一三条、環境影響評価法（環境アセスメント法）第五二条、循環型社会形成推進基本法第二条の二、廃棄物処理法第二条、化学物質審査規制法第二条には、放射性物質を適用除外とすることが定められている。米国の国家環境政策法（NEPA）や有害物質規制法（TSCA）との違いである。

## V 人間中心主義と自然の内在的価値

人間と生物界は、生命四〇億年の歴史のなかで、進化的に連続している。どこかで断絶線を引くことはできない。類人猿（チンパンジー、ボノボ、ゴリラ、オランウータン）に対しては雄雌ではなく男女、一頭ではなく一人と呼ぶべきだという松沢哲郎（京都大学霊長類研究所）の主張に私は賛成である。彼らは「進化の隣人」である。その彼らを絶滅の瀬戸際に追い込んだり、「残酷な実験」の対象にしたりすることは、特に罪深い。人間が「文化」であり、類人猿は「自然」の一部なのだろうか。人間に最も近縁で、人間から等距離にあるチンパンジーとボノボが、人間とならんで暴力的なチンパンジーと、類人猿のなかで最も平和的なボノボという両極端に分かれてしまった。七〇〇万年ほど前に人間が類人猿と袂を分かったとき、チンパンジーとボノボはまだひとつの種であった。そのあとで分岐したのである。遺伝的な違いはわずかである。暴力の文化と平和の文化の違いという面が大きいであろう。

ガルトゥングは暴力論のなかで自然も位置づけている。自然における直接的暴力が「最適者生存」であり、自然に対する構造的暴力が「エコサイド」（大規模な生態系破壊）である。なお構造的暴力について「社会」のレベルで家父長制、人種主義、階級、「世界」のレベルで帝国主義、貿易、「文化」のレベルで文化帝国主義があげられていることも興味深い（Galtung 1996：33）。

内在的価値は人間だけにあるのではない。人間に対する暴力だけでなく、自然に対する暴力もある。人間中心主義の再考が必要である。アニマルライツや自然の権利の思想も、環境正義や暴力と平和の観点から見直す必要がある。分配正義には、「人間と自然の分配正義」の観点も必要である。人類のオーバープレゼンスによって、生物多様性は損なわれていく。公害の影響がまずあらわれる「生物的弱者」には、動植物も含まれる。水俣病の前兆は魚や鳥や猫にあらわれた。カネミ油症の前兆は鶏にあらわれた。自然にやさしくない文明は、人間に対してもやさしくない。

**【引用および参考文献】**

石山徳子 2004『米国先住民族と核廃棄物　環境正義をめぐる闘争』明石書店

梅林宏道 1998『アジア米軍と新ガイドライン』岩波ブックレット

大竹千代子・東賢一 2005『予防原則　人と環境の保護のための基本理念』合同出版

尾関周二・武田一博・亀山純生編 2005『環境思想キーワード』青木書店

金菱清 2006「環境正義と公共性—「不法占拠」地域におけるマイノリティ権利の制度化」宮内泰介編『コモンズをささえるしくみ　レジティマシーの環境社会学』新曜社

金菱清 2008『生きられた法の社会学　伊丹空港「不法占拠」はなぜ補償されたのか』新曜社

鎌田遵 2006『「辺境」の抵抗　核廃棄物とアメリカ先住民の社会運動』御茶の水書房

木村朗 2006『危機の時代の平和学』法律文化社

グローバルヒバクシャ研究会編 2006『いまに問う　ヒバクシャと戦後補償』凱風社

小出裕章 1992『放射能汚染の現実を超えて』北斗出版

小出裕章 2006「核と原子力は同じもの 日本の核燃料サイクルの現状」『えんとろぴい』五七号、エントロピー学会
コリン・コバヤシ 2006「グローバル・ジャスティスを求めて」『月刊オルタ』七月号、アジア太平洋資料センター
近藤克則 2005『健康格差社会』医学書院
坂昇二・前田栄作、小出裕章監修 2007『完全シミュレーション 日本を滅ぼす原発大災害』風媒社
庄司光・宮本憲一 1975『日本の公害』岩波新書
鈴木真奈美 2006『核大国化する日本 平和利用と核武装論』平凡社新書
田中優 2006『戦争って、環境問題と関係ないと思ってた』岩波ブックレット
槌田敦 1978『石油と原子力に未来はあるか』亜紀書房
童子丸開 2007『「WTC(世界貿易センター)ビル崩壊」の徹底究明 破綻した米国政府の「9・11」公式説』社会評論社
戸田清 1994『環境的公正を求めて』新曜社
戸田清 1998a「環境政策と環境正義」藤岡貞彦編『〈環境と開発〉の教育学』同時代社
戸田清 1998b「環境正義の思想」加藤尚武編『環境と倫理』有斐閣
戸田清 1998c「エコロジー社会主義と環境正義」『カオスとロゴス』一〇号、ロゴス社
戸田清 2000「環境的正義/公正」地域社会学会編『キーワード地域社会学』ハーベスト社
戸田清 2003a「地球環境問題と環境正義」生野正剛ほか編『地球環境問題と環境政策』ミネルヴァ書房
戸田清 2003b『環境学と平和学』新泉社
戸田清 2005「環境正義の思想」加藤尚武編『環境と倫理 新版』有斐閣
戸田清 2006a「水俣病事件における食品衛生法と憲法」『総合環境研究』八巻一号、長崎大学環境科学部
戸田清 2006b「原爆投下を裁く国際民衆法廷・広島」『長崎平和研究』二二号、長崎平和研究所
戸田清 2007「先進国の資源浪費は集団的エゴイズム」『大法輪』一一月号

中嶌哲演 2006「『原発銀座・若狭』から　問い直される『もんじゅ』の意味」『えんとろぴい』五七号、エントロピー学会
中西輝政編 2006『「日本核武装」の論点』ＰＨＰ研究所
西山俊彦 2003『一極覇権主義とキリスト教の役割』フリープレス
林克明・大富亮 2004『チェチェンで何が起こっているのか』高文研
肥田舜太郎 2004『ヒロシマを生きのびて　被爆医師の戦後史』あけび書房
藤岡惇 2004『グローバリゼーションと戦争　宇宙と核の覇権めざすアメリカ』大月書店
本田雅和 1999「環境レイシズム　米国社会底辺からの告発」『月刊オルタ』六月号、アジア太平洋資料センター
本田雅和・風砂子デアンジェリス 2000『環境レイシズム　アメリカ「がん回廊」を行く』解放出版社
前田朗 2003『民衆法廷の思想』現代人文社
見田宗介 1996『現代社会の理論』岩波新書
宮寺卓 2006「世界システム論と環境問題」『季刊軍縮地球市民』六号、明治大学軍縮平和研究所、西田書店発売
森住卓 2005『イラク　占領と核汚染』高文研
安田喜憲 2006『一神教の闇　アニミズムの復権』ちくま新書
横山正樹ほか 2006「特集・環境平和学のススメ」『季刊軍縮地球市民』六号、明治大学軍縮平和研究所、西田書店発売
渡辺治・後藤道夫編 2003『講座　戦争と現代１　「新しい戦争」の時代と日本』大月書店
Bryant, Bunyan（ed）1995, *Environmental Justice: Issues, Policies and Solutions*, Island Press
Bullard, Robert 1994, *Dumping in Dixie: Race, Class and Environmental Quality*, Westview Press
Bullard, Robert, and Beverly Wright 1992, Quest for Environmental Justice, R. E. Dunlap and Angela

Mertig eds, *American Environmentalism: The U. S. Environmental Movement, 1970- 1990,* Taylor and Francis（＝1993、戸田清訳「環境的な公正を求めて　アフリカ系コミュニティでの環境闘争」ダンラップ＆マーティグ編『現代アメリカの環境主義』満田久義監訳、ミネルヴァ書房）
Caldicott, Helen 1994, *Nuclear Madness*, revised edition, W. W. Norton（一九七八年初版の邦訳は高木仁三郎・阿木幸男訳『核文明の恐怖』岩波書店、一九七九年）
Chambers, Nicky, Craig Simmons and Mathis Wackernagel 2000, *Sharing Nature's Interest*, Earthscan（＝2005、五頭美知訳『エコロジカル・フットプリントの活用』合同出版）
Dowie, Mark 1995, *Losing Ground: American Environmentalism at the Close of the Twentieth Century*, MIT Press（＝1998、戸田清訳『草の根環境主義　アメリカの新しい萌芽』日本経済評論社「第6章　環境正義」）
Draffan, George 2003, *The Elite Consensus*, Apex Press
Galtung, Johan 1996, *Peace by Peaceful Means*, Sage Publications
Galtung, Johan 1998, *Die Andere Globalisierung*, agenda Verlag（＝2006、木戸衛一・藤田明史・小林公司訳『ガルトゥングの平和理論　グローバル化と平和創造』法律文化社）
Griffin, David 2004, *The New Pearl Harbor: Disturbing Questions about Bush Administration and 9/11*, Olive Branch Press（＝2007、きくちゆみ・戸田清訳『9・11事件は謀略か「21世紀の真珠湾攻撃」とブッシュ政権』緑風出版）
Hofrichter, Richard, (ed) 1993, *Toxic Struggles: The Theory and Practice of Environmental Justice*, New Society Publishers（ホフリクターによる序論の邦訳は、鈴木昭彦訳「環境的公正　その理論と実践」戸田清ほか編『環境思想の系譜　2』東海大学出版会、一九九五年）
Klare, Michael 2004, *Blood and Oil*, Henry Holt and Company（＝2004、柴田裕之訳『血と油　アメリカの石油獲得戦争』ＮＨＫ出版）
Klein, Naomi 2002, *Fences and Windows*, Westwood Creative Artists（＝2003、松島聖子訳『貧困と不

正を生む資本主義を潰せ』はまの出版）
McQuaig, Linda 2004, *It's the Crude, Dude War' Big Oil and the Fight for the Planet*, Doubleday（＝2005' 益岡賢訳『ピーク・オイル　石油争乱と21世紀経済の行方』作品社）
Mendes, Chico 1989, *Fight for the Forest: Chico Mendes in His Own Words*, Latin American Bureau（＝1991' 神崎牧子訳『アマゾンの戦争　熱帯雨林を守る森の民』現代企画室）
Merchant, Carolyn（ed）1994, *Ecology*, Humanities Press. 第五部　環境正義（ピーター・ウェンズ、ロバート・ブラード、ウィノナ・ラデューク、ヴァンダナ・シヴァ、ラマチャンドラ・グハ）
Patterson, Charles 2002, *Eternal Trebulinka: Our Treatment of Animals and the Holocaust*, Lantern Books（＝2007' 戸田清訳『永遠の絶滅収容所　動物虐待とホロコースト』緑風出版）
Saro-Wiwa, Ken 1995, *A Month and a Day*（＝1996' 福島富士男訳『ナイジェリアの獄中から「処刑」されたオゴニ人作家、最後の手記』スリーエーネットワーク）
Shiva, Vandana 1993, *Monculture of the Mind*, Third World Network（＝2003' 戸田清ほか訳『生物多様性の危機』明石書店）
Szasz, Andrew 1994, *EcoPopulism: Toxic Waste and the Movement for Environmental Justice*, University of Minnesota Press
Trittin, Jürgen 2002, *Welt um Welt: Gerechtigkeit und Globalisierung*, Aufbau-Verlag（＝2006' 今本秀爾監訳『グローバルな正義を求めて』緑風出版）、著書はドイツの前環境大臣（緑の党）
Wallerstein, Immanuel 2003, *The Decline of American Power: The U. S. in a Chaotic World*, The New Press（＝2004' 山下範久訳『脱商品化の時代　アメリカンパワーの衰退と来るべき世界』藤原書店）
Westra, Laura and Peter Wenz（eds）1995, *Faces of Environmental Racism: Confronting Issues of Global Justice*, Rowman and Littlefield
Werner, Klaus & Hans Weiss 2003, *Das Neue Schwarzbuch Markenfirmen*, Franz Deuticke Verlags-

gesellscaft（＝2005、下川真一訳『世界ブランド企業黒書　人と地球を食い物にする多国籍企業』明石書店）

Williams, Jessica 2004, *50 Facts that should Change the World*, Icon Books（＝2005、酒井泰介訳『世界を見る目が変わる50の事実』草思社）

**【映像資料】**

アフガニスタン国際戦犯民衆法廷実行委員会 2004『ブッシュを裁こう Part 2　ブッシュ有罪』ビデオプレス、マブイ・シネコープ（大阪）発売、ＶＨＳビデオ

ＮＨＫ 2006『ＢＳドキュメンタリー　首飾りを作ったのは誰？　中国出稼ぎ少女の労働事情』一一月一三日放映（米国二〇〇五年制作）

# 第3章

# 水俣病事件における食品衛生法と憲法

## Ⅰ　はじめに

水俣病関西訴訟の最高裁判決（『判例時報』一八七六号、三頁）が二〇〇四年に出たことで、認定基準をめぐる「環境省の抵抗」はあるものの、水俣病（一九五六年公式発見）の問題は解決に向かっていると考えている人が多い。一九九五年の「政治決着」（豊田 1996；宮澤 1999；富樫 1999）で救済対象者を水俣病患者であると認めなかったことや、国の法的責任を認めなかったことが、「ニセ患者」中傷記事（無署名 1995）を招いたことに象徴される諸問題をかかえているわけであるから、最高裁判決まで闘い抜いたことは、まさに正解であった。

しかし食品衛生法の論点が残され、しかも解決の見通しが立たないことについては、日本社会において軽視されることが少なくないように思われる。[1] たとえば、判決後の状況を描いた鎌田慧のわかりやすいルポルタージュがあるが、食品衛生法への言及はない（鎌田 2004a；同 2004b）。

水俣病事件についての法学者の著書・論文には食品衛生法への言及がいくつかある（富樫 1995：36，40；淡路 2005など）。倫理学の領域では、丸山徳次が、「一九五七年九月に厚生省が食品衛生法の適用を拒否したことの重大性を、なぜ大阪高裁判決が取りあげなかったのか、理解に苦しむところです。」と述べている（丸山 2004：63）。社会学では、船橋晴俊が食品衛生法の適用問題について詳細な検討を行っている（船橋 2000：147～151）。食品衛生法の論点について、若干の検討を行いたい。

## Ⅱ　最高裁判決

二〇〇四年一〇月一五日、水俣病関西訴訟の最高裁判決が出た。基本的には原告勝訴である。水俣病事件では多くの判例があるが、おそらく最後の最高裁判決であろう。[2]二〇〇四年一〇月三〇日放映のＮＨＫ・ＥＴＶ特集「水俣病　問い直された行政の責任」が論点をよく整理していた。ゲストは阿部泰隆（神戸大学法学部、行政法・環境法）と橋本道夫（元厚生省公害課長、医師）であった。行政の責任については、三つの争点があったと思われる。排水規制、食品規制、被害者救済である。

排水規制と被害者救済では原告の主張が認められた。すなわち、排水規制については一九六〇年以降の国の怠慢が指摘され、被害者については、未認定患者である原告の大半が水俣病に認定された。ところが、食品規制については国が勝った。一九五七年に食品衛生法四条（有害食品の禁止）を発動すべきだったという原告の主張が退けられ、行政指導だけでよかったという国の主張が採用されたのである。一九五八年、五九年に関西に移住した原告については、国、県の賠償責任が認められなかった（田中 2004）。三つの争点についての判断は、二〇〇一年の大阪高裁判決（『判例時報』一七六一号、三一〜五五頁）を追認するものだ。

## Ⅲ　排水規制と認定基準

排水規制について国は責任を認めたが、被害者救済について国は敗北を認めずに抵抗している。当初の認定基準（一九五九〜七〇年）は重症患者を念頭においた「狭い」ものであったが、一九七一年認定要件（当時の環境庁長官は大石武一、医師）では、汚染地域に住んで魚介類を食べ、知覚障害などのうち「いずれかの症状」があれば水俣病に認定するとしている。そのため認定患者数は大きく増えた。

大量棄却によって多くの未認定患者をつくり出したのは、「症候の組み合わせ」を求める一九七七年判断条件（当時の環境庁長官は石原慎太郎、小説家）である。[3] 背景には補償金支払額「急増」への「不安」があったと多くの人は推察している。今回の最高裁判決で多くの未認定患者が司法によって認定されたことは一九七七年判断条件への批判を含意しているが、直接判断条件を批判する文章がないために、国は一九七七年判断条件を見直すつもりはないと主張する。しかし、判決が国側の医学証人である井形昭弘、衛藤光明らの証言をまったくといっていいほど採用せず、原告側の浴野成生、三浦洋らの成果やデータを採用したことは（田中 2004）、一九七七年判断条件に疑問を投げかけるものだ。

疫学的にみて、一九七七（昭和五二）年判断条件が破綻していることは明らかである（津田・井形 2001；津田 2004a；チッソ水俣病関西訴訟を支える会 2004）。水俣地区周辺では、四肢末端の感覚障害の相対危険度（対照群を一としたときにその何倍か）が非汚染地区（対照地区）の一〇〇倍前後である。大気汚染の呼吸器疾患では二倍程度である。喫煙関連疾患でも、非喫煙者に対して五～一〇倍前後である（戸田 1988）。一〇〇倍が否定された事例はない。交絡要因（曝露と疾病の関連をゆがめる第三の要因）もないはずである。

日本精神神経学会は一九九八年以来、一九七七年判断条件が「科学的に誤り」であると指摘し続けている（日本精神神経学会・研究と人権問題委員会 1998；同 1999；同 2003）。これに対する医学者や環境庁（二〇〇一年以降は環境省）からのまともな反論はない(4)。

行政の認定と司法の認定の「二重基準」が大きな社会問題になっている。二〇〇四年一二月二〇日の朝日新聞社説「環境省は基準を見直せ」はわかりやすい解説をしている。国が「負けた争点」についてさえ負けを認めずに抵抗しているのだから、「勝った争点」について反省する可能性は少ないのではないだろうか。なお食品衛生法の適用が見送られた経緯については、宮澤信雄の二〇〇四年六月の文章が丁寧でわかりやすい（宮澤 2004a）。

事件史の流れのなかでは画期的な判決であるが、「国が勝った」食品衛生法の争点（大阪高裁判決は大阪地裁判決の判断を大筋で変更せず、最高裁判決はそれを是認した）に限っては、今回の判決は不当判決と言わざるをえない。

## Ⅳ　食品衛生法

大阪地裁判決は、一九五七年時点についても、一九五九年時点についても、食品衛生法四条（有毒食品の禁止）、同二二条（飲食店等の規制）、同一七条（食中毒の調査）のすべてについて適用の必要性を否定した。また、自家摂食は規制の対象外であると述べている（『判例時報』一五〇六号、七三頁以下）。大阪高裁判決は、一九五九年一一月時点について、四条の有毒食品に該当すると解釈し、そのことを告示したほうが望ましかったとはいえるとしながら、行政指導にとどまったことを是認している（『判例時報』一七六一号、二三頁以下）。最高裁判決は、遅くとも一九五七年までに食品衛生法により漁獲、摂取を禁じるべきであったとの原告側付帯上告に対して、原審（高裁判決）の判断は是認できるとしている（『判例時報』一八七六号六頁、一一頁）。

水俣病公式発見は一九五六年、有機水銀中毒とわかったのは一九五九年のことである。一九五七年の段階では病因物質は不明であったが、原因食品が水俣湾の魚介類であることは、伊藤蓮雄水俣保健所長のネコ実験でも確認された。

前記のＥＴＶ特集でも示されたように、一九五六年の熊本県の食品衛生法第四条（二〇〇三年以降の第六条にあたる）適用事例を見ると、ネズミチフス菌（サルモネラ菌）やテトロドトキシン（ふぐ毒）のように病因物質の明らかなものもあるが、病因物質が「不明」のものも少なくない。病因物質が不明でも、原因食品が明らかであれば実際に規制している。後述の静岡県の例もある。

一九五七年七月に熊本県公衆衛生課は、四条適用を決意する。七月二四日の熊本県奇病対策連絡会は食品衛生法の適用（県知事告示）を決めた。この会議で蟻田重雄熊本県衛生部長も食品衛生法四条二号適用を了承している（宮澤 2004a）。しかも、厚生省の尾村偉久環境衛生部長と熊本県の守住憲明公衆衛生課長のあいだでも食品衛生法の適用について合意していた（宮澤 2004a）。通例はそれで決着である。しかし、それでも同連絡会の結論は棚上げにされ、食品衛生法適用の県知事告示は出されなかった。

すなわち、このとき水上長吉副知事が「厚生省に聞け」と横やりを入れ、一九五七年八月一六日に熊本県衛生部長名で厚生省公衆衛生局長宛てに照会状が出された（宮澤 1997：158）。県の機関委任事務であるから、国の指導、監督に従うことになっているので、この件は判断に迷う事例として照会したのであろう。これに対して、困惑ぶりを示唆する一カ月近い異例の遅れを経て、厚生省公衆衛生局長は一九五七年九月一一日の回答で、

1　水俣湾特定地域の魚介類を摂食することは、原因不明の中枢性神経疾患を発生するおそれがあるので、今後とも摂食されないよう指導されたい。

2　然し、水俣湾内特定地域の魚介類のすべてが有毒化しているという明らかな根拠が認め

られないので、該特定地域にて漁獲された魚介類のすべてに対し食品衛生法第四条第二号を適用することは出来ないものと考える。

と回答した（水俣病研究会編 1996：670；宮澤 1997：160；深井 1999：140～146；橋本編 2000：62, 190）。しかも回答は照会した県衛生部長宛てではなく、県知事宛てであった（水俣病研究会編 1996：670；宮澤 2004a）。回答の内容は詭弁である。阿部泰隆が言うように、一〇〇個のまんじゅうに毒まんじゅうが混じっているとわかれば、「すべて」が毒でなくても、回収するだろう（ＮＨＫ 2004a）。四条を適用せず行政指導にとどまったため被害は拡大した。

厚生省と熊本県の担当者が合意したことが上記のように省と県の上層部の意向で正当な理由なく妨げられたとしたら、重大な問題である（これは、一九五九年一一月の厚生省食品衛生調査会の答申がやはり棚上げされ、一九六八年九月の「政府見解」でようやく水俣病が有機水銀に汚染された魚介類の摂取による公害病であると認めたことを想起させる）。

大阪地裁判決は、一九五七年時点については原因物質（正しい用語で言うと「病因物質」）が不明であり、個々の魚介類の有害性を判断できないので四条を適用できない、一九五九年時点については、有機水銀説が検証不十分なので四条該当性を判断できないとしていた（『判例時報』一五〇六号七四頁）。それを二〇〇一年の大阪高裁判決、二〇〇四年の最高裁判決が基本的に追認したのである。なお一九五七年回答の論理を全面肯定しているのは、一九九二年の東京地裁判決である（大塚 1996：84）。

さらに、宮澤信雄が指摘するように、一九六八年九月二六日の「政府見解」に「水俣病患者の発生は昭和三五年を最後として終息しているが、これは、昭和三二年に水俣湾産の魚介類の摂食が禁止されたことや工場の廃水処理施設が昭和三五年以降整備されたことによるものと考えられる」という一文があることが注目される（宮澤 2004a；『朝日新聞』一九六八年九月二七日朝刊）。

一九六〇（昭和三五）年を最後に患者の発生が終息というのは誤認である。一九六〇年以降の廃水処理施設もあまり役に立たなかった。しかし、それ以上に食品衛生法との関連で重要なのは、「一九五七（昭和三二）年に摂食禁止」という記述である。実際は前述のように、食品衛生法四条を適用して「摂食を禁止」したのではなく、「危ないから注意しなさい」と行政指導したのであった。それで、人々の摂食量は減ったが、不安を抱きながら食べ続けた。魚介類の摂食量が減ったので有機水銀の取り込み量も減り、一年半ほど新規患者がなく、「終息」の錯覚を与えたのである。その後、閾値を超えたのか、再び患者の発生が始まっている。

一九六八年に政府が「一九五七年に摂食が禁止された」と勘違いしたのは（意図的に嘘をついた可能性もあるが、推定無罪原則により、勘違いとみなしておく）、宮澤が示唆するように、「この見解を作成した段階での政府の考え方、あるべき水俣病対策の考え方を示したもの」であり、「水俣病の原因が魚介類とわかった昭和三二年に、その摂食が禁止されるべきであり、当然禁止されたはずであり、それによって水俣病が終息に向かったものと、政府は考えた」のであろう（宮澤 2004a）。「語るに落ちた」というべきである。

厚生省監修の年表で「水俣病事件このころより社会的にクローズアップされる」が、公式発見の一九五六年でも、有機水銀説確認の一九五九年でもなく、食品衛生法をめぐる攻防の一九五七年八月の日付になっていることも、関心のありかを示していて示唆的である（厚生省生活衛生局監修 1996 : 555）。

食品衛生法現行六条（当時の四条に相当）の内容は次の通りである（総務省法令データ提供システム http : // law. e-gov. go. jp / cgi-bin / idxsearch. cgi）。

食品衛生法第六条　次に掲げる食品又は添加物は、これを販売し（不特定又は多数の者に授与する販売以外の場合を含む。以下同じ。）、又は販売の用に供するために、採取し、製造し、輸入し、加工し、使用し、調理し、貯蔵し、若しくは陳列してはならない。

1　腐敗し、若しくは変敗したもの又は未熟であるもの。ただし、一般に人の健康を損なうおそれがなく飲食に適すると認められているものは、この限りでない。

2　有毒な、若しくは有害な物質が含まれ、若しくは付着し、又はこれらの疑いがあるもの。ただし、人の健康を損なうおそれがない場合として厚生労働大臣が定める場合においては、この限りでない。

3　病原微生物により汚染され、又はその疑いがあり、人の健康を損なうおそれがあるもの。

4　不潔、異物の混入又は添加その他の事由により、人の健康を損なうおそれがあるもの。

さて、熊本県公衆衛生課が四条適用を決意した一九五七年七月の時点では、食品衛生法の最終改正は一九五七年六月一五日のものであった。このときの四条の条文は次の通りである（遠山ほか編 1957：602。同書の巻末に当時の食品衛生法の全文がある）。

食品衛生法第四条　次に掲げる食品又は添加物は、これを販売し（不特定又は多数の者に授与する販売以外の場合を含む。以下同じ。）、又は販売の用に供するために、採取し、製造し、輸入し、加工し、使用し、調理し、貯蔵し、若しくは陳列してはならない。

1　腐敗し、若しくは変敗したもの又は未熟であるもの。但し、一般に人の健康を害う虞がなく飲食に適すると認められているものは、この限りでない。

2　有毒な、又は有害な物質が含まれ、又は附着しているもの。但し、人の健康を害う虞がない場合として厚生大臣が定める場合においては、この限りでない。

3　病原微生物により汚染され、又はその疑があり、人の健康を害う虞があるもの。

4　不潔、異物の混入又は添加その他の事由により、人の健康を害う虞があるもの。

この四条二号が「有毒な、又は有害な物質が含まれ、又は附着しているもの。但し、人の健康を害う虞がない場合として厚生大臣が定める場合においては、この限りでない。」から、「有毒な、若しくは有害な物質が含まれ、若しくは附着し、又はこれらの疑いがあるもの。但し、人の健康を害う虞がない場合として厚生大臣が定める場合においては、この限りでない。」に変更されたのは、一九七二年六月三〇日の食品衛生法改正によってである（大蔵省印刷局 1972：125）。「疑いがあるもの」を追加したのは、結果的に過大規制だったと言われた場合に当局が責任を問われるのを避けるためであった（阿部 2002：374）。

なお、一九四七年一二月二四日の公布当時の食品衛生法の条文は、衆議院ホームページの「制定法律」で「第一回国会」の「法律第二三三号 食品衛生法」に掲載されている（http：//www.shugiin.go.jp/itdb_housei.nsf/html/houritsu/00119471224233.htm）。

制定当時の第四条の条文は、冒頭が「左に掲げる食品又は添加物は」となっており、「製造し」の次の「輸入し」（一九五三年の改正で追加）がないことを除いて、一九五七年当時の条文とまったく同じである（当時の法律は縦書きなので、「次に掲げる」ではなく「左に掲げる」となっている）。

食品衛生法四条（現在の六条）で「含有するもの」にとどまらず、「含有する疑いがあるもの」をも規制する「予防原則」（疑わしきは規制する）は、三号の病原微生物については一九四七年の制定当初からあったが、二号の化学物質については一九七二年に導入されたものである。[5]字面だけ見ていると、一九五七年当時、化学物質については「予防原則」がなかったわけだから、「厳密な法解釈」として正当だと思う人がいるかもしれない。しかし、現実を見るとそうした理解は疑わしくなる。一九五七年以前の二つの事例をあげよう。

第一は、アサリの例である。[6]終戦前後の食糧難の頃に、静岡県浜名湖のアサリがなぜか有毒化し（病因物質は不明）、それを自分たちで食べていた周辺住民から多数の死者が出た。一九四九年に静岡県は病因物質不明のまま食品衛生法四条を適用し、住民がアサリを食べないようにした。この対策により新規の患者や死亡者は発生しなくなった（津田 2004a：50；宮澤 2004a）。熊本県は厚生省食品衛生課の示唆を受けて、一九五七年三月一五日付で静岡県衛生部に経緯を照会している（水俣病研究会編 1996：483；水俣病被害者・弁護団全国連絡会議 1997：179；宮澤 2004a）。もちろん「すべて」のアサリが有毒化していることを静岡県が確認したわけではない。また「病因物質不明」というのは、細菌性（ブドウ球菌など）なのか、化学性（メタノールなど）なのか、自然毒（フグ毒など）なのか、わからないということである。

第二は、一九五五年の森永ヒ素ミルク事件である。これは早い時期にヒ素による化学性食中毒であることがわかった。回収されたのは「多く」のミルクが汚染していることがわかったからであって、「すべて」のミルクが汚染していることを確認したからではない（津田 2004a：82）。「すべて」について確認せよということであれば、食品衛生法は緊急事態に対処できない。ここでいう「すべて」というのは「すべての魚種」を意味していたようだ（舩橋 2000：150）。水俣湾の魚の「すべてが有毒化している」ことを証明する「悉皆調査」は不可能であるし、その必要もない。「すべてが有毒化」しているかどうか不明でも「少なからぬものが有毒化」していることが明らかであれば、対処してきたことが、アサリやヒ素ミルク事件からも明らかである。

水俣病京都地裁判決でも「当該特定範囲の食品全体について一般的に有毒有害と認められるならば、右範囲に含まれる全ての食品が同条同号にいう有害食品に該当すると解すべきであって」と述べている（『判例時報』一四七六号四六頁；大塚 1996：85）。

一九五七年九月の厚生省局長通知は、法令解釈として、条文だけ眺めると「正当」に見えるとしても、静岡県の「前例」や予防原則の「論理」（緊急事態に現場でどう対応すべきか）に照らすと明らかにおかしい（もちろん「前例踏襲」がいつも正しいとは限らないが、この場合は前例が妥当なものである）。現場を考慮しない「机上の空論」であり、法解釈をゆがめるものであると言わざるをえない。二〇〇四年の最高裁判決がなぜこの食品衛生法解釈を結果的に追認しなければならないのだろうか。この場合、食品衛生法の適用を官僚の自由裁量にゆだねてよかったのか。薬害エイズ裁判厚生省ルート（二〇〇五年三月二五日に二審判決でも一部有罪）でも問われていることであるが、緊急事態においては行政の裁量の余地が狭まるという「裁量権収縮の理論」（阿部 1988：187～190；宇賀 1997：156～162）も考慮すべきであろう。(7)

さらに、一九五七年の厚生省の対応は、厚生省自身の一九五〇年五月二日の通達における「危険性の範囲が当初明瞭になっていないような場合には、危険の考えられる範囲全部に対して包括的な処置を行っておいて、爾後調査の範囲が明確化するにつれ、不必要であった制限は順次解除し、食品の利用の禁停止を必要な部分のみに圧縮していくことが必要である」という指示に反するものである（船橋 2000：150）。

水俣病について初めて国、県の賠償責任を認めた画期的と言われる第三次第一陣熊本地裁相良判決（一九八七年三月三〇日）では、「裁量権収縮の理論」をふまえて、一九五七年に食品衛生法四条を適用すべきだったとしている（『判例時報』一二三五号、二一二頁；富樫 1995：40，348，351，468；水俣病被害者・弁護団全国連絡会議編 1997：177，217；牛山編 2001：184）。また第三次第二陣熊本地裁判決（一九九三年三月二五日）は、遅くとも一九五九年一一月までに食品衛生法四条を適用すべきだったとしている（『判例時報』一四五五号、四二頁；水俣病被害者・弁護団全国連絡会議編 1997：

177）。

水俣病国家賠償訴訟で国・県の責任を認めたときの根拠法令を表３－１に示した。一九五七年当時の熊本県公衆衛生課長守住憲明（取材当時は開業医、故人）は、四条適用が阻止された悔しさを回想している（ＮＨＫ 2004b）。食品衛生法第一条は一九四七年の制定当時も一九五七年当時も「この法律は、飲食に起因する衛生上の危害の発生を防止し、公衆衛生の向上および増進に寄与することを目的とする」であった（二〇〇五年現在の第一条はそれに少し加筆したものだが、趣旨は同じである）。何をなすべきか明らかだったはずだ。

ただし、加工食品・外食産業と生鮮食品の違いは食品衛生法運用の課題として残る。食品衛生法四条（現在の六条）は、加工食品や外食産業で有害物質や病原菌が付着した場合を想定しており、四条適用は業者の管理不備の責任を問うものである。しかし水俣病の場合は有害物質付着の責任は化学工場にあり、四条を適用される漁民には責任がなかった。そのため、四条適用に際しては漁業法の規定により、行政は漁獲禁止をした場合に漁民に補償しなければならない。それが県庁に適用を躊躇させた内部要因（外部要因は前記の厚生省の介入）であった（宇井 1968：42；船橋 2000：151）。前述のアサリも生鮮食品であるが、これは周辺住民による自家採取であり、漁民への補償の問題は生じなかったのであろう。

橋本道夫らは次のように述べている。

水俣病の場合、厳密な原因特定を主張する勢力があったために、魚介類という人の口に入る

表３－１　水俣病国家賠償請求訴訟の判決

| | 判　決 | 食品衛生　法 | 漁業法 | 熊本県漁業調整規則 | 水質二法(8) | 緊急避難的行政行為 |
|---|---|---|---|---|---|---|
| 1 | 熊本水俣病第三次訴訟第一陣判決（熊本地裁1987年３月30日）相良判決 | ○ | ○ | ○ | ○ | ○ |
| 2 | 水俣病東京訴訟判決（東京地裁1992年２月７日） | × | × | × | × | × |
| 3 | 新潟水俣病第二次判決（新潟地裁1992年３月31日） | — | — | — | × | — |
| 4 | 熊本水俣病第三次訴訟第二陣判決（熊本地裁1993年３月25日）足立判決 | ○ | × | × | ○ | × |
| 5 | 水俣病京都訴訟判決（京都地裁1993年11月26日）小北判決 | ×（＊） | × | ○ | ○ | × |
| 6 | 水俣病関西訴訟判決（大阪地裁1994年７月11日） | × | × | × | × | × |
| 7 | 水俣病関西訴訟判決（大阪高裁2001年４月27日） | × | × | ○ | ○ | × |
| 8 | 水俣病関西訴訟判決（最高裁2004年10月15日） | × | × | ○ | ○ | × |

＊　1959年11月末の段階で食品衛生法の適用は認めているが，結論では棄却したもの。
注：１，２，４，５は熊本水俣病全国連関係，３は関連する新潟水俣病関係。
出典：水俣病被害者・弁護団全国連絡会議編『水俣病裁判』（かもがわ出版，1997年）177頁の表に関西訴訟高裁判決，最高裁判決を加筆して日付順にした。２，６は行政の法的責任に関して原告の全面敗訴。３も原告敗訴。なお，水俣病全国連の前掲書では関西訴訟一審の「緊急避難的行政行為」を「—」としているが，判決文などから「×」であると解釈した（『判例時報』1506号82頁；同1876号６頁）。

第一の原因が軽視された。人命に関する緊急性のあることであり、細かな化学式まで求めるのでなく、原因を魚介類として当面の対策をとる必要があった。水俣湾の魚介類の摂食が原因であることがわかった時点で、被害の深刻さに鑑み、行政は、補償問題と健康被害を天秤に掛けるのではなく、漁獲の禁止措置をとるべきであった。そして、その魚介類の有毒化の原因として工場排水が疑われた時点で、行政は工場の立入検査を実施し、有害物質の排出を停止させる措置をとる必要があった（橋本編 2000：138）。

食品衛生法(9)では、有害食品を食べて症状のあった人（曝露有症者）はすべて救済しなければならない。症状の組み合わせで選別してはならない（津田 2004a：75）。「食中毒患者の認定制度」という奇異なものは、水俣病（熊本と新潟）とカネミ油症のほかに例を見ない。「一万人を越える未認定食中毒患者」という異常事態はこの二つの事件のほかにない（津田 2004b）。水俣病では、救済の枠を拡大した一九七一（昭和四六）年の認定要件は選別、切り捨てにつながらなかったので、科学的にも法的にも妥当と思われる（科学論争はあるが、日本精神神経学会の見解が妥当と思う）。しかし、一九五九年（認定制度の正式な発足）から一九七一年の認定要件採用までと、一九七七（昭和五二）年判断条件採用から現在までは、食品衛生法の趣旨に反する状態が続いているのではないだろうか。

救済の失敗（昭和五二年判断条件）も、原因の一部は食品衛生法の軽視である。水俣病では、食中毒の全体像をつかむための調査もなされていない（調査は食品衛生法で義務づけられている。一九五七年当時の第二七条、二〇〇五年現在の第五八条を見よ）。公的な調査がなく患者の本人申請を待つというのも、一万人を超える「未認定食中毒患者」の存在も、「検査漬け」や申請してから何年も保留で待たされるのも、食中毒事件処理としてまったく異常な事態である（日本精神神経学会・研究と人権問題委員会 2003：830；津田 2004a）。

一九六八年のカネミ油症でも食品衛生法は軽視され、さらに医師（九州大学病院）による食中毒届出さえなかった（津田 2004a：185；川名 2005：91，330）。もちろん、全体像をつかむための調査もなされていない。「症状の組み合わせによる厳しい認定基準」も水俣病と同様で、被害を届けた約一万四〇〇〇人のうち認定患者は死亡者も含めて一八八五人（一割余）にすぎない。ダイオキシン類のＰＣＤＦを加えた二〇〇四年の新認定基準でも、一一七人の申請に対して認定は一八人（一五％）にすぎない（垣花・石川 2005）。

津田敏秀は水俣病判決について次のように述べているが同感である。

食品衛生法における国の責任を認めなかった大阪高裁の判決をそのまま引きずる形で食品衛生法の問題を取り上げなかった最高裁判決を見ると、『原因物質』というような食品衛生法の実務では使わない用語を誤ったまま判決文に用いており最高裁が食品衛生行政の実際や裁判資料を検討する上で著しい不備があったと考えざるを得ない。食の安全性が大きな関心となっている現代社会において、法の番人である最高裁がこのような判決を下していては、今後の食品衛生法の適用において大きな障害となるだろう。（津田 2004b）

阿部が指摘したように、環境・健康の問題は憲法第一三条（個人の尊重、生命、自由及び幸福追求に対する権利）をふまえて対処しなければならない（NHK 2004a）。一三条の趣旨は、他人を犠牲にして自己利益をはかる利己主義と、全体のためと称して個人を犠牲にする全体主義を否定することである（辻村 2000：188）。

また、学説では、「環境権」の根拠としてあげられる憲法の条文に、第一三条とあわせて、第二五条（健康で文化的な最低限度の生活を営む権利、公衆衛生の向上など）がある（淡路1998：31；辻村2000：325；杉原 2004：183）。第二五条は、「生存権」の根拠としてよくあげられるものである。高度成長時代には、日本経済という「全体」のために、営利企業の「集合的利己主義」のために、個人が犠牲にされ公害が激化した。それは、「健康な生活を営む権利」の侵害であった。

食品衛生法一条（目的）と憲法二五条が「公衆衛生の向上」という文言を共有していることは、一九四七年の法案提案理由説明でも念頭におかれているし、逐条解説の公式説明でも強調されている（厚生省生活衛生局監修 1996：9，10，538）。法の目的は「飲食に起因する衛生上の危害の発生の防止」（一条）であり、その危害はまず個人のレベルで生じる（それが集積すると、集団への危害になる）ものである。水俣病裁判原告団も、食品衛生法の上位規範が憲法一三条と二五条であると指摘している（『判例時報』一二三五号八七頁；同一四五五号二〇頁）。また下山瑛二も憲法一三条、二五条と食品衛生法の密接な関連を示唆している（下山 1979：157）。

さらにカネミ油症事件一審判決（福岡地裁小倉支部一九七八年三月一〇日）は、食品衛生法の意義(9)については、次のように指摘している。

食品衛生法は、右憲法第一三条、第二五条の政治的理念に基づいて制定され、飲食に起因する危害の発生を防止して、公衆衛生の向上および増進に必要な条件を確保することを目的とするものであり、食品の安全が人の生命、健康の維持、発展にとって必須の条件であるため、消費者である国民に対して安全な食品の供給を確保をすることが食品衛生法に基づく行政の極めて重要な基本的責務となっているのである。

（『判例時報』八八一号、六八頁；下山 1979：224, 236）

ただし、このカネミ油症事件判決は、「被告国に食品衛生法に基づく規制権限の不行使について全く行政上の責務懈怠（けたい）がなかったとはいい難い」（『判例時報』八八一号七〇頁）としつつも、「ダーク油事件の発生に際して、被告国の食品衛生法上の権限不行使について、被告国に著しい不合理があったとは到底いい難い」（同七三頁）、「九大医学部の医師が同条（注：食品衛生法二七条）の届出義務を怠り、仮にこれによって本件事故の拡大に寄与した結果になったとしても、国家賠償法第一条の責任が問題となる余地はないのである」（同七二頁）などとして、国家賠償法一条に基づく国の賠償責任を否定したものであり、この判示には異論の余地が少なくない。

「憲法の基本的人権規定を財産権中心の把握の仕方から、生存権中心の把握の仕方に転換することを要求し、憲法一三条・二五条から、その一環としての『健康権』概念を導きだしてくる」（下山 1979：72）うえで、食品衛生法の適正な運用は、重要な要件のひとつであろう（阿部 2002参照）。下山は生命（生存権）を中心におき、その外側に健康（健康権）、生活（財産を含む）、環境（環境権）をおいた同心円を図示しており、有益である（下山 1979：79）。

下山の著書は四半世紀前のものであるが、二一世紀に入っても、阿部泰隆が「財産権・営業の自由偏重の法システムを廃止せよ」と訴えている（阿部 2002：376）。二人のすぐれた行政法学者の発言に耳を傾けるべきであろう。なお個人の尊重とかかわりの深い財産と、法人や富豪の巨大財産は、当然区別すべきものであろう。私たちが「生存権・健康権・環境権が財産権より優先すべきだ」というときの財産権は、特に後者の巨大財産が念頭にある。

## Ⅵ　被害の拡大

行政の不作為によって被害はどのくらい拡大したのであろうか。チッソ附属病院の細川院長が水俣保健所に届出をしたのは一九五六年五月で、これがいわゆる「公式発見」である。わずか半年後の一九五六年一一月には、熊本大学医学部公衆衛生学の喜田村正次教授らによって「水俣病の原因は、工場排水中に含まれるある種の重金属による魚介類の汚染による食中毒の疑いが強い」との報告が出された。この時点で排水を停止し、魚介類の摂取を禁止していたら、水俣病患者は約五〇名程度で終わっていただろうと、三重県立大学医学部公衆衛生学（当時）の吉田克己教授は後に著書『四日市公害』のなかで指摘している（吉田 2002：永嶋 2005b）。吉田は、四日市公害裁判で原告住民側に協力した医学者である。

被害拡大防止の第二の機会は、一九五七年七月に熊本県公衆衛生課が食品衛生法第四条適用を決意したときである。この時点で排水停止と魚介類摂取禁止を行っていれば、水俣病患者は「約五〇名程度」をそんなに大きくは上回らなかったのではないだろうか。

第三の機会は一九五八年七月の厚生省公衆衛生局長通達で、水俣工場の廃棄物によって魚介類が有毒化したと推定されると指摘されたときである（富樫 1995：323）。一九五八年九月の水俣工場による排水路変更で患者発生地域は拡大する。

第四の機会は一九五九年七月の熊本大学医学部の「有機水銀中毒である」との報告であり、第五の機会は一九五九年一一月の厚生省食品衛生調査会の「有機水銀中毒である」との答申であった。この答申は政策の基礎にされることなく棚上げされる（宮澤 1997：263）。この頃、水銀を触媒とするアセトアルデヒドの増産が続いている（水俣病被害者・弁護団全国連絡会議編 1997：49 の図）。

そして、一九六八年五月に水銀を触媒とするアセトアルデヒド製造工程が日本全土からなくなったことをあたかも見届けるかのように（切り替えが早かったのは一九六一年一月の鉄興社酒田工場であり、最後まで残っていたのはチッソ水俣工場と電気化学工業青梅工場であった）、国は一九六八年九月の「政府見解」で水俣病を有機水銀中毒と認めたのである（原田 1985：72；見田 1996：60）。

この「一一年の遅れ」（一九五七～六八年）は、薬害エイズ事件における加熱血液製剤の認可で

| | | | |
|---|---|---|---|
| 藤原・渡辺・高桑編 | 1985 | 人口問題の章の先天異常の項(93頁)に胎児性水俣病，環境衛生の章(216，295頁)に水俣病への言及がある。公害の章に8頁にわたる水俣病の詳細な「特論」(445～452頁)があり，認定制度や訴訟についてもまとめている。さらに食品衛生の章にも4頁にわたり食品中の水銀化合物についての「特論」（653～656頁）がある。しかし食品衛生の章の化学性食中毒の項目には水俣病への言及がない（611頁）。 | 上下巻あわせて本文1639頁の大部の本である。 |
| 西村・近藤・松下編 | 1990 | 環境衛生の章の公害(61頁)，水中有害物資(78頁)，母子保健(161頁)の項に水俣病への言及があり，食品衛生の章の化学性食中毒の項にも水俣病への言及がある(126頁)。母子保健の章には胎児性水俣病への言及がある(161頁)。 | 化学性食中毒の頁は巻末索引の「水俣病」に記載されていない。 |
| 糸川・斎藤・桜井・廣畑編 | 1990 | 母子保健の章で胎児性水俣病に言及（165頁），公害の章で水俣病と「阿賀野川有機水銀中毒」の項目（242頁），化学性食中毒の項目ではカネミ油症への言及はあるが水俣病への言及はない（270頁）。 | 「新潟水俣病」と言わずに「阿賀野川有機水銀中毒」という用語を使用。 |
| 糸川・斎藤・桜井・廣畑編 | 1995 | 母子保健の章で胎児性水俣病に言及（165頁），公害の章で水俣病と「阿賀野川有機水銀中毒」の項目（248頁），化学性食中毒の項目ではカネミ油症への言及はあるが水俣病への言及はない（277頁）。 | 前掲初版（1990年）と同じ記述であるが，患者数，死者数が改訂されている。 |
| 糸川・斎藤・桜井・廣畑編 | 1998 | 母子保健の章で胎児性水俣病に言及（167頁），公害の章で水俣病と「阿賀野川有機水銀中毒」の項目（250頁），化学性食中毒の項目ではカネミ油症への言及はあるが水俣病への言及はない（276頁）。 | 前掲初版（1990年）および第2版（1995年）と同じ記述であるが，患者数，死者数が改訂されている。 |
| 竹本・齋藤編 | 1999 | 「食生活・栄養」の節はあるが，そのなかに「食中毒」の項目がなく，水俣病への言及は「労働衛生」の節のなかにある(134頁)。 | 本文160頁で，医学部・歯学部向けではなく，看護学部・教育学部向けの教科書であるようだ。 |
| 佐谷戸編 | 2000 | 公害病の節に水俣病の項目があり（192頁），化学性食中毒の説明のなかに水俣病への言及がある（223頁）。産業保健の章にアルキル水銀への言及がある（256～258頁）。 | |
| 鈴木・久道編 | 2001 | 環境保健の章で公害としての水俣病への言及はあるが(58頁)，食中毒の項目（324頁）には言及がない。 | 同書の2002年版でも内容は同じ。 |
| 岸・古野・大前・小泉編 | 2003 | 総論（14～18頁），環境保健の章（211，233～234，235頁），産業保健の章（257頁）で水俣病に言及。初期の徹底した疫学調査の必要性，全体像把握の必要性，被害拡大の原因解明にふれるなど，適切な記述と思われる。ただし食中毒の項目に化学性食中毒への言及がほとんどない（306頁）。 | 公衆衛生学の教科書で表題に「予防医学」という言葉が入るのは珍しい。 |
| 横山監修 | 2004 | 四肢末端の感覚障害，小脳性運動失調，求心性視野狭窄，平衡機能障害，聴力障害などの Hunter-Russell 症候群を呈する後天性水俣病と，多様な精神・神経症状を呈する先天性（胎児性）水俣病（179頁）。 | 本文225頁で，医師国家試験の受験参考書の性格が強い。 |

**表３－２　公衆衛生学の教科書における水俣病の記述の比較**

| 著者・編者 | 発行年 | 水俣病の記述 | 備　考 |
|---|---|---|---|
| 古屋監修 | 1949 | 今後起り得る化学性食中毒についての項で，鉛，砒素，緑青についての言及はあるが，水銀への言及はない（407頁）。 | 「第５編　優生學」に73頁をさいていることが，時代背景をうかがわせる。 |
| 斎藤編 | 1956 | 化学性食中毒の項で無機水銀（昇汞の誤用自殺）に言及（207頁）。 | 上下巻あわせて本文812頁。下巻は1957年。 |
| 遠山・川城・金原・松井編 | 1957 | 化学性食中毒の項に無機水銀への言及がある（37頁）。 | 公衆衛生学の教科書ではなく食品衛生の参考書であるが，比較のために入れた。 |
| 豊川・菊池 | 1959 | 公害の項にも化学性食中毒の項にも水銀への言及はない（66，161頁） | |
| 福島・藤咲・栗原 | 1960 | 食中毒の項にも公害の項にも水銀への言及はない（147，159頁）。 | |
| 田中 | 1961 | 食中毒の項にも環境衛生の章にも水銀への言及はない（60，221頁）。 | 食品衛生の節に放射能汚染の項目あり。著者は広島大学教授。 |
| 安倍・高桑編 | 1967 | 環境衛生の章にも食品衛生の章の食中毒の項目にも水俣病への言及なし。労働衛生の章で水銀中毒に言及（321頁）。 | |
| 辻 | 1968 | 食中毒や環境衛生の項目はない。 | |
| 豊川・林・重松編 | 1969 | 食品衛生の章の化学性食中毒の項で水俣病に言及（214頁）。労働衛生の章で無機水銀中毒について記述（347頁）。 | |
| 塚原 | 1973 | 「化学性食中毒」の説明のなかに「有機水銀」という言葉があり（94頁），「環境衛生」の節の「公害」の項目で水俣病に言及（62頁）。 | |
| 安倍・高桑編 | 1974 | 化学性食中毒の項に水俣病への言及はないが，公害の章に言及がある（431頁）。労働衛生の章で水銀中毒のほかに「付　有機水銀中毒」（320頁）。 | 前掲の安倍・高桑編1967の全面改定版。 |
| 西川・井上編 | 1974 | 「食品衛生」の項目はあるが「食中毒」の項目も言及もなく，「環境衛生」の章のなかに「メチル水銀」への言及はあるが，水俣病への言及はない（107頁）。 | |
| 緒方編 | 1975 | 環境衛生の章に水俣病への言及があるが（136頁），化学性食中毒の項に水俣病への言及はない（245頁）。 | |
| 中村・西川編 | 1979 | 化学性食中毒の項目のなかに水銀や水俣病への言及がなく砒素の説明だけであるが（72頁），「環境保健学」の章の「公害，環境汚染とその対策」の節のなかに水俣病への言及がある（42頁）。 | |

の「二年四ヶ月の遅れ」（一九八三年三月〜一九八五年七月）を連想させる。認可の遅れた二年四カ月のあいだに血友病患者の感染は集中している（池田 1993 : 101）。この場合、加熱製剤の開発で先行したのは、トラベノール、ヘキスト、化血研で、開発に遅れをとったミドリ十字の開発状況をあたかも見届けるかのように、厚生省の認可がなされたのである（池田 1993 : 117）。

二〇〇〇年三月三一日までに一万七一二八人が認定申請を行ったが、熊本県と鹿児島県が認定した患者数は二二六四人にすぎない（田中 2004 ; 永嶋 2005b）。単純計算しても、「疑わしきは規制する」という「予防原則」で対応していれば、被害は約四〇〇分の一程度におさえることができたのではないだろうか。橋本道夫の次の指摘は印象的である。

民法の共同不法行為に対して、共同不作為ともいう法理が研究される必要もあるのではなかろうか。（橋本編 2000 : 2）

国の公式認知（一九六八年）が公衆衛生学[10]の教科書にどう反映されたかも見ておこう（**表3－2**）。水俣病については、公衆衛生学の教科書で、環境衛生ないし環境保健（水質汚染と公害病）、食品衛生（化学性食中毒）、母子保健（胎児性水俣病）、労働衛生（職業性有機水銀中毒）の項目で言及があるのが望ましいのであろう。この表を見ると、「公害病としての水俣病」は定着しているが、「化学性食中毒としての水俣病」への認識はいまひとつである。

## Ⅶ　おわりに

最高裁判決が食品衛生法を軽視し、したがって憲法第一三条と第二五条を軽視したことは、大きな禍根を残すだろう。改憲の入り口（本命は第九条）として「環境権の明記」を求める意見も、憲法第一三条および二五条の無理解によるものだ。

前記のように、食品衛生法の解釈をゆがめた厚生省公衆衛生局長通知の日付は、一九五七年九月一一日であった。まったくの偶然であるが、二〇〇一年の米同時多発テロ、一九七三年のチリ・アジェンデ政権崩壊（ピノチェト将軍のクーデターを米ＣＩＡや米企業が支援した）と同じ日付である。私はこれらを「三つの九月一一日」と呼んでいる。無差別テロ自体が重大犯罪であるが、それに加えて、米国政府が「テロ支援」や「情報操作」（ペンタゴンに激突したのは旅客機ではなさそうだという問題など）をした疑いが指摘されている（Griffin 2004）。軍事クーデター支援（その後の軍事独裁政権は市民に多くの重大な犠牲をもたらした）は重大な国家犯罪であり、企業犯罪である。そして、一九五七年に厚生省幹部が食品衛生法の解釈をゆがめ、それが二〇〇四年の最高裁判決によってもなお追認されていることは重大である。

戦後の第一回国会で一九四七年のクリスマスイヴに公布された食品衛生法がこれまでの食品安全行政の基礎であり、グローバル化に対応するために新たに食品安全基本法が二〇〇三年に制定された。ＢＳＥ（いわゆる狂牛病）問題をめぐる迷走（さしあたり、福岡 2004；山内 2004を参照）に見られるように、食品安全行政への市民の不安は小さくない。「基礎編」である食品衛生法の運用が適切にできなければ、「応用編」である食品安全基本法を使いこなすのも難しいのではないだろうか？

［謝辞］　チッソ水俣病関西訴訟を支える会の横田憲一氏をはじめ多くのみなさんの助言を感謝したい。

（1）　ここでいう「解決」とは、一九五七年に水俣病について食品衛生法の運用で過失があり、それが後のカネミ油症などにも尾を引いたことを認めて、教訓をくみとり、今後の食品安全行政や環境行政に生かすことである。公式発見（一九五六年）から五〇年以上を経過してなお混乱が続く「水俣病問題」の解決には、最低限、①昭和五二年判断条件の見直し、②一九五七年に食品衛生法を適用すべきであったという共通認識の確立、が不可欠である。①については、破綻した昭和五二年判断条件の見直し拒否（特に環境省、与党）がいまも実害を与え続けており、②は歴史認識の問題であるとともに、カネミ油症問題などにおける食品衛生法軽視ともつながっている。

（2）　水俣病に関して最高裁ではこれまでに、川本輝夫に対する傷害被告事件での一九八〇年一二月一七日の上告棄却決定、待たせ賃訴訟二審判決に対する一九九一年四月二六日の破棄差し戻しがある。両者については富樫 1995：320，388を参照。

（3）　認定制度が正式に発足したのは一九五九年のことであるが（富樫 1995：226；橋本編 2000：100）、熊本での水俣病認定は基本的にはハンター・ラッセル症候群（感覚障害、求心性視野狭窄、難聴、運動失調）の組み合わせが基準となった（宮澤 2000：17）。ハンター・ラッセル症候群は、原因究明（有機水銀への到達）には有益であったが、原因がわかってからは広範な疫学調査によって有機水銀の健康影響の全体像が解明されるべきだったのに、それがほとんどなされなかったのである。多数の棄却が行われたために行政不服審査請求がなされ、それに応えた一九七一年認定要件によって救済の枠が広げられた。

一九七一年認定要件は、四肢末端や口周のしびれ感、言語障害、歩行障害、求心性視野狭窄、難聴、運動失調、知覚障害などのうちいずれかの症状（一九七〇年佐々報告書を念頭におく）があり、当該症状の発現または経過に関し有機水銀の影響が認められるものを水俣病とする。知覚障害だけの場合でも、有機水銀の影響が認められる限りは水俣病とする。また、有機水銀の影響であることを断定できる場合だけでなく、症状、既往歴、生活史、家族の状況などから有機水銀の影響によるものであることを否定しえない場合も、影響が認められる場合に含まれる（富樫 1995：256～260）。

一九七七年判断条件では、疫学的条件に加えて、次のような症候の組み合わせが認められる場合を水俣病とする。①感覚障害＋運動失調、②感覚障害＋運動失調（？）＋平衡機能障害または求心性視野狭窄、③感覚障害＋求心性視野狭窄＋中枢性障害を示す他の眼科または耳鼻科の症候、④感覚障害＋運動失調（？）＋その他の症候（富樫 1995：260～263；日本精神神経学会・研究と人権問題委員会 1998）。一九七七年判断条件は、その内容上の問題点だけでなく、判断条件がその通り適用されたかどうかについても疑問が持たれている（日本精神神経学会・研究と人権問題委員会 1998；チッソ水俣病関西訴訟を支える会 2004）。

二〇〇四年最高裁判決以降、「行政と司法の二重基準」が問題となり、認定審査会の機能停止などが起こっているが、「行政の認定基準」とはもちろん一九七七年判断条件のことであり、「司法の認定基準」は一九七一年認定要件にほぼ等しいと見てよいであろう。一九七七年判断条件は、科学的にも、法的にも（食品衛生法との関係）、疑問があると思われる。

（4）　岡嶋らの反論（岡嶋ほか 1999）と名村らの再反論（名村ほか 2000）を読み比べてみても、前者の説得力は非常に薄いと思われる。なお、岡嶋透は熊本県認定審査会の前会長であるが、二重基準が解消されないなどの理由で再任を拒否している（『朝日新聞』二〇〇五年三月二五日）。

（5）　環境行政において一九七〇年頃から欧米や日本で注目されている「予防原則」（疑わしきは規制する）は、**表3－3**に示したように刑事司法における「推定無罪原則」（疑わしきは罰せず）と対比して理解すべきものであろう（戸田 1999）。推定無罪は、冤罪を防止する趣旨で、フランス人権宣言（一七八九年）

**表 3－3　環境問題と冤罪問題の対比**

| | 刑事裁判 | 公害被害者の救済 | 有害物質の規制 |
|---|---|---|---|
| 早とちり（推測統計学でいう第一種の誤謬に相当） | 無実の人を有罪とみなす（冤罪）。犯人視報道など。★ | 他の原因による患者を公害病患者とみなして救済する。 | 無害な物質や環境負荷の少ない開発行為を早まって規制する。過剰規制によって企業の財産を侵害するおそれがある。 |
| 見逃し（推測統計学でいう第二種の誤謬に相当） | 犯人を無罪とみなして放免する。 | 公害病患者を見過ごして救済せずに放置する。★ | 有害物質や環境負荷の大きい開発行為を見過ごして規制しない。過小規制によって住民の生命・健康を侵害するおそれがある。★ |
| 不確実性・人間の可謬性のもとでの判断の原則 | 疑わしきは罰せず（推定無罪の原則）。 | 疑わしき（公害病の蓋然性あるいは可能性を否定できない）は救済する（予防原則の延長）。 | 疑わしきは規制する，対策をとる（予防原則）。 |
| 立証責任あるいは説明責任 | 被告人の有罪を主張する側に厳しく求められる。合理的な疑いの生じない程度に有罪を立証する責任がある。 | 申請患者が公害病でないと主張する側に厳しく求められる。公害病の診断基準を狭すぎるものとしない。対照群と比較した相対危険度を重視する，など。 | 化学物質や開発行為を必要かつ安全であると主張する側に厳しく求められる。不明を安全にすり替えてはならない。 |

出典：この表は，（戸田 1999）所収のものを改変して作成した。

注：★は人権の視点からみて，より重大な過誤である。たとえば，推定無罪原則の重視と冤罪刑死の発覚は欧州の死刑廃止の重要な根拠となった（団藤 2000参照）。冤罪は代表的な「早とちりの過誤」である。英国では，「１人の無実の者が処刑されるよりは10人の真犯人が免れる方がよい」という法格言がある（団藤 2000：27，183）。他方，環境先進国と言われる北欧では，予防原則が重視されている（梶山編 2001）。公害・環境問題における不確実性のもとでの判断において「疑わしい」というのは，「あやしい」「かもしれない」といった勘のレベルではなく，合理的な根拠のある場合（水俣病の診断の場合は50％程度以上の蓋然性といってもよい）である。刑事裁判で「疑わしきは罰せず」というのは，犯行などを疑うに足る理由があるが，同時に有罪についても合理的な疑いが残る場合のことである。なお水俣病の場合，感覚障害の相対危険度が100倍であれば，早とちりの過誤の可能性は１％にすぎない。煙草病の場合，癌の相対危険度が10倍であれば，早とちりの過誤の可能性は10％くらいになるだろう。しかしその10％も煙草の健康影響がないということではない。認定の枠を広げる1971年認定要件の採用にあたって大石武一環境庁長官（当時）が「１人の公害病患者も見落されることなく，全部が救済されるようにしたい」と説明したこと（富樫 1995：259）も，「見逃しの過誤を防ぎたい」という意思表示として注目されよう。

第九条や、世界人権宣言（一九四八年）第一一条に明文化された（高木ほか編 1957：132，404）。予防原則は「見逃し」（統計学でいう第二種の過誤）を防ぐことに、推定無罪原則は「早とちり」（第一種の過誤）を防ぐことに力点がある（統計学における二種類の過誤については、片平 1997：105）。

環境行政における推定無罪（すべてが有毒化していることが証明できないと規制できない、不明を安全にすり替えるなど）や、刑事司法における推定有罪（逮捕即有罪とみなす犯人視報道、自白だけで有罪など）はあってはいけない。水俣病裁判の原告らが依拠した「安全性の考え方」（武谷編 1967；富樫 1995：20）も内容は予防原則であると思われる。安全無視は「人体実験の思想」に行きつく（富樫 1995：168）。救済のためには患者の「見逃し」をしないことも重要である（富樫 1995：259，343；戸田 1999）。

阿部泰隆がＮＨＫの番組やホームページで次のように述べているのも、予防原則のわかりやすい解説と言えよう。「チッソが本来シロであるのに規制すれば、財産上の損失が生じる。しかし、チッソが黒であるのに規制しなければ、多数の生命・健康の喪失という事態が生じる。前門の虎、後門の狼である。どっちにしても間違える可能性がある場合には、間違った場合に被害が少ない方に間違うべきである。財産よりも命が大切であるから、無毒のものを有毒と間違うのはやむをえない。有毒のものを無毒と間違ってはならないのである。チッソからの排水が有毒と証明され、有毒物質が検出されるまで規制できないとするのは、一見法治国家の原則に忠実であるが、かえって、細かい法律と技術ができるまでは放置するしかないという、『放置国家』になる」（http://www2.kobe-u.ac.jp/˜yasutaka/minamata.html）。（阿部 2002）も参照。注：現在の阿部泰隆氏のウェブサイトは、http://www.ne.jp/asahi/aduma/bigdragon/。

なお、一九七二年の食品衛生法改正で「健康に無害であることの確認のない新食品の販売の禁止処分をなしうるようになったこと」（当時の食品衛生法四条の二、現在の七条）は、下山が示唆するように予防原則を取り入れる試みであろう（下山 1979：36）。

（６） 一九四〇年代の戦中戦後に四回発生した浜名湖のアサリによる中毒について、静岡県衛生部は病因物質不明のまま食品衛生法四条を適用した（津田 2004a：50；宮澤 2004）。他方、安倍らの本では、一九四二年の浜名湖のアサリ、カキによる中毒の有毒成分は venerupin であるとしている（安倍・高桑編 1967：225）。なお、venerupin という言葉は『ステッドマン医学大辞典』改訂第5版（メジカルビュー社、二〇〇二年）には収録されていない。

（7）裁量権収縮については、国民の生命・健康の保持のための安全性確保が憲法上第一義的価値を有することが捨象され、行政の無責任を認める（免責させる）、行政の自由と無責を前提として例外的な場合のみ責任を認めるものだ、などの批判がある。少なくとも水俣病裁判を始めとする判例において、裁量権収縮の要件が厳格なために行政の責任がなかなか認められてこなかったことは明らかであるから、「事案に応じて要件を緩和すべきである」ことだけは間違いないだろう（阿部 1988：190）。

（8）水質二法とは、一九五八年制定、一九五九年施行の「公共用水域の水質の保全に関する法律」と「工場排水等の規制に関する法律」のことである。一九七〇年のいわゆる「公害国会」で水質汚濁防止法が制定されたことにより、水質二法は役目を終えて廃止された。

（9）食品衛生法の意義については、津田敏秀（岡山大学医学部、疫学）が水俣病を主要な事例として考察している『医学者は公害事件で何をしてきたのか』（津田 2004a）が必読の文献であろう。

（10）「医学は基礎医学と臨床医学に大別される」と理解している人が多い。しかし、医学は、基礎医学（解剖学、生理学、薬理学、病理学など）、臨床医学（内科学、外科学、産科婦人科学、精神医学など）、社会医学（公衆衛生学、疫学、法医学、医史学など）の三つに大別されると理解すべきであろう。長崎大学医学部のホームページなどを参照。

## 【引用および参考文献】

朝日新聞論説委員会 2004「環境省は基準を見直せ（社説）」『朝日新聞』一二月二〇日
安倍三史・高桑栄松編 1967『新衛生公衆衛生学』改訂第9版、南山堂
安倍三史・高桑栄松編 1974『新衛生公衆衛生学』改訂第13版、南山堂
阿部泰隆 1988『国家補償法』有斐閣

阿部泰隆 2002「環境法（学）の（期待される）未来像」大塚直・北村喜宣編『環境法学の挑戦』日本評論社
淡路剛久 1998「環境法の基礎」阿部泰隆・淡路剛久編『環境法』第2版、有斐閣
淡路剛久 2005「水俣病関西訴訟最高裁判決について」『環境と公害』三四巻三号、五三～五八頁、岩波書店
池田恵理子 1993『エイズと生きる時代』岩波新書
糸川嘉則・斎藤和雄・桜井治彦・廣畑富雄編 1990『NEW衛生公衆衛生学』南江堂
糸川嘉則・斎藤和雄・桜井治彦・廣畑富雄編 1995『NEW衛生公衆衛生学』改訂第2版、南江堂
糸川嘉則・斎藤和雄・桜井治彦・廣畑富雄編 1998『NEW衛生公衆衛生学』改訂第3版、南江堂
宇井純 1968『公害の政治学』三省堂新書
宇賀克也 1997『国家補償法』有斐閣
牛山積編 2001『大系　環境・公害判例』第2巻、水質汚濁、旬報社
大蔵省印刷局 1972『法令全書』六月号
大塚直 1996「水俣病判決の総合的検討（その2）」『ジュリスト』一〇九〇号、有斐閣
岡嶋透・衛藤光明 1999「『水俣病の感覚障害に関する研究』について―津田論文および中島見解に対する反論」『精神神経学雑誌』一〇一巻六号、五〇九～五一三頁
緒方正名編 1975『公衆衛生学入門』朝倉書店
垣花昌弘・石川幸夫 2005「患者なお苦しみ　カネミ油症認定基準改定」『朝日新聞』二月七日
梶山正三編 2001『弁護士がみた北欧の環境戦略と日本―「予防原則の国」から学ぶもの』自治体研究社
片平冽彦 1997『改訂新版　やさしい統計学』桐書房
カネミ油症被害者支援センター編 2006『カネミ油症　過去・現在・未来』緑風出版
鎌田慧 2004a「痛憤の現場を歩く21　国と熊本県の責任認めた水俣病最高裁判決　上　被害者切り捨ての姿勢をいまも変えない環境省」『週刊金曜日』一〇月二九日号

鎌田慧 2004b「痛憤の現場を歩く22 国と熊本県の責任認めた水俣病最高裁判決 下 環境省の抵抗は傲慢さの上塗りだ」『週刊金曜日』一一月一二日号
川名英之 2005『検証・カネミ油症事件』緑風出版
岸玲子・古野純典・大前和幸・小泉昭夫編 2003『NEW予防医学・公衆衛生学』南江堂
木野茂 2004「水俣病関西訴訟『ノーモア』を次世代に〈私の視点〉」『朝日新聞』一二月二八日
栗原彬編 2000『証言 水俣病』岩波新書
栗原彬 2005『「存在の現れ」の政治 水俣病という思想』以文社
厚生省生活衛生局監修 1996『改訂 早わかり食品衛生法〈食品衛生法逐条解説〉』社団法人日本食品衛生協会
古屋芳雄（こや・よしお）監修 1949『公衆衛生學』第1輯（しゅう）、日本臨牀社
斎藤潔編 1956『公衆衛生学』上巻、金原出版
下山瑛二 1979『健康権と国の法的責任―薬品・食品行政を中心とする考察』岩波書店
杉原泰雄 2004『憲法読本』第3版、岩波ジュニア新書
鈴木庄亮・久道茂編 2001『シンプル衛生公衆衛生学』第9版増補、南江堂
竹本泰一郎・齋藤寛編 1999『公衆衛生学』第3版、講談社
佐谷戸安好（さやと・やすよし）編 2000『最新公衆衛生学』第2版、廣川書店
高木八尺・末延三次・宮沢俊義編 1957『人権宣言集』岩波文庫
武谷三男編 1967『安全性の考え方』岩波新書
田中正四 1961『公衆衛生学入門』南山堂
田中泰雄 2004「チッソ水俣病関西訴訟最高裁勝利判決の歴史的意義」チッソ水俣病関西訴訟を支える会ホームページ一二月二七日掲載（http://www1.odn.ne.jp/~aah07310/index-j.html）
団藤重光 2000『死刑廃止論』第6版、有斐閣
辻達彦 1968『基礎公衆衛生学』朝倉書店

辻村みよ子 2000『憲法』日本評論社
塚原國雄 1973『最新公衆衛生学』改版、同文書院
津田敏秀・井形昭弘 2001「何をもって水俣病とするか」『朝日新聞』四月二〇日（聞き手は朝日新聞記者）
津田敏秀 2004a『医学者は公害事件で何をしてきたのか』岩波書店
津田敏秀 2004b「行政の不作為とタバコ病　水俣病事件の教訓を生かせ～裁判官の不勉強を憂う～」『禁煙ジャーナル』一六六号、たばこ問題情報センター
津田敏秀 2008「（私の視点ワイド）冷凍ギョーザ事件　食品衛生法を眠らせるな」『朝日新聞』二月一四日
遠山祐三・川城巌・金原松次・松井武夫編 1957『食品衛生ハンドブック』朝倉書店
富樫貞夫 1995『水俣病事件と法』石風社
富樫貞夫 1999「水俣病未認定患者の『救済』」水俣病研究会編『水俣病研究』一号、三～一五頁（葦書房発売）
富樫貞夫 2000「水俣病医学の社会史(1)」水俣病研究会編『水俣病研究』二号、五～一一頁
戸田清 1988「喫煙問題の歴史的考察」『科学史研究』一六七号、日本科学史学会
戸田清 1994『環境的公正を求めて』新曜社
戸田清 1999「環境問題と冤罪問題」『社会運動』九月号、市民セクター政策機構
戸田清 2003『環境学と平和学』新泉社
戸田清 2004「水俣病事件にみる食品衛生法と憲法第13条」チッソ水俣病関西訴訟を支える会ホームページ（アドレスは前掲）一二月二七日掲載。加筆、改題（「第13条」を「第13・25条」に）して『平和憲法を守ろう　被爆地市民の熱い思い』（長崎県九条の会、二〇〇五年）に収録
豊川行平・菊池正一 1959『栄養学講座6　公衆衛生学』朝倉書店
豊川行平・林路彰・重松逸造編 1969『衛生公衆衛生学』医学書院

豊田誠 1996「水俣病問題の解決をめぐって」『ジュリスト』一〇九〇号、有斐閣
永嶋里枝 2005a「水俣病・関西訴訟 最二判2004・10・15」『法学セミナー』二月号
永嶋里枝 2005b「国・熊本県は、最高裁判決の意義を認め、今度こそ、水俣病問題の抜本的な見直しを」チッソ水俣病関西訴訟を支える会ホームページ（アドレスは前掲）二月一〇日掲載
中村正・西川濵八編 1979『現代の公衆衛生学』金原出版
名村出・津田敏秀・粉裕二・石井一・衛藤俊邦・中島豊爾・星野征光・丸井規博・山田了士 2000「衛藤らの『水俣病の感覚障害に関する研究』に対する再検討―岡嶋・衛藤両氏の反論を踏まえて―」『精神神経学雑誌』一〇二巻一号、九二～九七頁
西川濵八・井上彦二郎 1974『公衆衛生学』朝倉書店
西村正雄・近藤東郎・松下敏夫編 1990『新衛生学・公衆衛生学』第2版、医歯薬出版
日本精神神経学会・研究と人権問題委員会 1998「環境庁環境保健部長通知（昭和五二年環保業第二六二号）『後天性水俣病の判断条件について』に対する見解」『精神神経学雑誌』一〇〇巻九号、七六五～七九〇頁
日本精神神経学会・研究と人権問題委員会 1999「昭和60年10月15日付『水俣病の判断条件に関する医学専門家会議の意見』に対する見解」『精神神経学雑誌』一〇一巻六号、五三九～五五八頁
日本精神神経学会・研究と人権問題委員会 2003「水俣病問題における認定制度と医学専門家の関わりに関する見解―平成3年11月26日付中央公害対策審議会『今後の水俣病対策のあり方について（答申）』（中公審三〇二号）―」『精神神経学雑誌』一〇五巻六号、八〇九～八三四頁
橋本道夫編 2000『水俣病の悲劇を繰り返さないために 水俣病の経験から学ぶもの』中央法規
原田正純 1985『水俣病は終わっていない』岩波新書
原田正純 2004「実態解明へ再検証必要」『朝日新聞』一〇月二七日（聞き手は朝日記者）
原田正純 2007『水俣への回帰』日本評論社
原田正純 2008「まだ水俣病は終わっていない」聞き手：佐高信『週刊金曜日』一一月一四日号五四～五

五頁
判例時報社編 1978『判例時報』八八一号（カネミ油症福岡地裁小倉支部判決）
判例時報社編 1987『判例時報』一二三五号、臨時増刊（熊本水俣病民事第三次訴訟第一陣第一審・熊本地裁昭六二年三月三〇日判決）
判例時報社編 1993『判例時報』一四五五号（水俣病三次二陣熊本地裁判決）
判例時報社編 1994『判例時報』一四七六号（水俣病京都地裁判決）
判例時報社編 1994『判例時報』一五〇六号（関西訴訟大阪地裁判決）
判例時報社編 2001『判例時報』一七六一号（関西訴訟大阪高裁判決）
判例時報社編 2005『判例時報』一八七六号（関西訴訟最高裁判決）
深井純一 1999『水俣病の政治経済学　産業史的背景と行政責任』勁草書房
福岡伸一 2004『もう牛を食べても安心か』文春新書
福島一郎・藤咲進・栗原登 1960『衛生学・公衆衛生学(2)』改訂3版、金原出版
藤原元典・渡辺厳一・高桑栄松編 1985『総合公衆衛生学』上下巻、南江堂
舩橋晴俊 2000「熊本水俣病の発生拡大過程における行政組織の無責任性のメカニズム」相関社会科学有志編『ヴェーバー・デュルケム・日本社会　社会学の古典と現代』ハーベスト社
丸山定巳・田口宏昭・田中雄次編 2005『水俣からの想像力　問い続ける水俣病』熊本出版文化会館
丸山徳次 2004「講義の七日間　水俣病の哲学に向けて」越智貢ほか編『岩波応用倫理学講義　2環境』岩波書店
見田宗介 1996『現代社会の理論』岩波新書
水俣病研究会編 1996『水俣病事件資料集　1926〜1968』上下二巻、葦書房
水俣病被害者・弁護団全国連絡会議編 1997『水俣病裁判』かもがわ出版
宮澤信雄 1997『水俣病事件四十年』葦書房
宮澤信雄 1999「ルポ・水俣病政治決着その後」水俣病研究会編『水俣病研究』一号、四五〜五二頁

宮澤信雄 2000「水俣病医学を歪めたもの―医学研究史序説」水俣病研究会編『水俣病研究』二号、一二～二七頁
宮澤信雄 2004a「最高裁口頭弁論に向けて、二審判決はどのように見直されなければならないか」チッソ水俣病関西訴訟を支える会ホームページ（アドレスは前掲）六月一一日掲載
宮澤信雄 2004b「チッソ水俣病関西訴訟　最高裁判決踏まえ、政治と行政は再出発を」『週刊金曜日』一〇月二二日号
宮澤信雄 2004c「水俣病事件史における最高裁判決の意味」チッソ水俣病関西訴訟を支える会ホームページ（アドレスは前掲）一二月一六日掲載
宮澤信雄 2007『水俣病事件と認定制度（水俣学ブックレット4）』熊本日日新聞社
無署名 1995「『ニセ』水俣病患者　二百六十万円賠償までの四十年」『週刊新潮』一一月一六日号
矢吹紀人 2005a「水俣病は終わっていない　最高裁判決後も続く『患者切り捨て政策』」『週刊金曜日』六月一〇日号
矢吹紀人 2005b『水俣病の真実　被害の実態を明らかにした藤野糺医師の記録』大月書店
山内一也 2004「霊長類フォーラム：人獣共通感染症（第一六一回）12／17／2004　BSE対策をめぐる最近の議論と変異型CJDキャリヤーの問題」日本獣医学会ホームページ（http://wwwsoc.nii.ac.jp/jsvs/05_byouki/prion/pf161.html）
豊秀一・竹内敬二 2004「水俣病認定に『二重基準』　国に見直し迫る司法」『朝日新聞』一〇月二七日
横山英世監修 2004『新衛生・公衆衛生学（Qシリーズ）』改訂4版、日本医事新報社
吉田克己 2002『四日市公害　その教訓と21世紀への課題』柏書房
Griffin, David Ray 2004, *The New Pearl Harbor: Disturbing Questions about the Bush Administration and 9/11*, Olive Branch Press（＝2007、きくちゆみ・戸田清訳『9・11事件は謀略か「21世紀の真珠湾攻撃」とブッシュ政権』緑風出版）

【映像資料】

ＮＨＫ 2004a、ＥＴＶ特集「水俣病　問い直された行政の責任」一〇月三〇日放映（ＢＳ１）阿部泰隆ホームページ http://www2.kobe-u.ac.jp/~yasutaka/minamata.html および阿部 2002参照

ＮＨＫ 2004b、ＮＨＫスペシャル「水俣病は終わらない　不信の連鎖」一二月一二日放映

チッソ水俣病関西訴訟を支える会 2004『二〇〇四年　水俣病の虚像と実像』ＶＨＳビデオ

〔付記〕与党プロジェクトチームは、救済策を三年限りとし、水俣病の認定審査も終了する方針を固めたとのことで、さらなる混乱を招こうとしている（朝日新聞二〇〇九年二月一四日）。

# 第4章

# 「米国問題」を考える

「ベトナムを石器時代に戻してやる。」
カーチス・ルメイ将軍、一九六四年五月

Tell the Vietnamese they've got to draw in their horns or we're going to bomb them back into the Stone Age.

（http://search.japantimes.co.jp/cgi-bin/eo20020930hs.htm）

「（東京大空襲などを念頭に）もしわれわれが負けていたら、私は戦争犯罪人として裁かれていただろう。幸いなことに私は勝者の方に属していた。」

カーチス・ルメイ将軍

「もしアメリカが戦争に負けていたらルメイ将軍も私も戦争犯罪者だった。」

ロバート・マクナマラ、二〇〇三年

（松尾文夫『銃を持つ民主主義』小学館、二〇〇四年、三二一～三二二頁）

McNamara said in the movie "The Fog of War" about LeMay and the air raids, that if they lost the war they would have been on trial for war crimes.

(http://www.gottsu-iiyan.ca/gib/index.php?blog=1&title=tokyo_war_crimes_tribunal_part_1a&more=1&c=1&tb=1&pb=1

注：一九四五年一月にハンセル司令官（日本軍の重慶無差別爆撃に反発していた）が更迭され、後任に「低高度での無差別爆撃推進」のルメイ将軍が着任したことが、東京大空襲（一晩で一〇万人死亡）、大阪大空襲などをもたらした。一九六四年に佐藤栄作内閣は航空自衛隊育成への貢献を讃えてルメイに勲一等旭日大綬章を贈るという「自虐」ぶりを示している。

地球社会における米国人（特にその支配層、財界）のわがままな振る舞いが引き起こす迷惑のことが、しばしば「米国問題」と呼ばれるようになってきた（Ⅰ）。世界の軍事、政治、文化、経済における米国のプレゼンス（特にソ連崩壊以降）を考えるならば、世界の資源・環境、平和、民主主義、人権などの問題を考えるうえで、「米国問題」をいかに認識し、向き合い、解決策をさぐるかは、二一世紀のきわめて重要な課題のひとつであろう。

本稿では、「米国問題」を象徴する三人の有名人の言葉を紹介し（Ⅱ）、世界の資源消費などに占める米国のシェアを検討し（Ⅲ）、さらに「9・11事件」が大量浪費社会を維持するための軍事活動の口実をつくるための謀略ではないかという仮説（ブッシュ政権共犯説）を紹介したい（Ⅳ）。

## Ⅰ　「米国問題」という言葉

第二次世界大戦以降、米国は世界システムの覇権国となった。米国文化を代表するものに、生活様式、石油文明、軍事活動などがある。

米国的生活様式は、「大量採取、大量生産、大量消費、大量廃棄」（見田 1996：68）を特徴としており、これを守るために嘘をついたり、戦争をしたりということにもなりかねない。「米国式石油文明」が得意とするのは、「大量生産、高速移動、大量破壊」などであり、やや苦手とするのは、「適量生産、適度な移動、対話」などであると思う。「世界における米国のシェア」を示す一九の数字が、いわゆる「米国問題」の背景をさぐるときの重要な手がかりのひとつとなろう。

先進国の過剰消費という意味では「西欧問題」や「日本問題」もあるが、「米国問題」が一番典型的でわかりやすい。沖縄の基地問題の本質もやはり「米国問題」および「日本問題」であろう（吉田 2007などを参照）。日米両政府は普天間基地の代替と称して「北限のジュゴンの生息地」である辺野古に新基地を建設しようとしているが、これも実は米国が一九六六年（沖縄の本土復帰前）から待ち望んでいたものであった（西山 2007：143）。

私の知る範囲では、五人の学者・知識人が「米国問題」「アメリカ問題」（American problem）という言葉を用いた（米本 1998；土佐 2006；西谷 2006：243；菅 2007：9；太田 2007：68，270）。米国問題とは、米国人、特にその支配層の身勝手さが世界を振り回すという問題である。「米国問題への適切な対応」は、二一世紀の人類にとって大きな課題のひとつであろう。ブッシュ政権の「米国問題」としては、京都議定書離脱、国連人種差別問題会議からの途中退席、「使える核兵器」政策、ＡＢＭ条約離脱、「テロとの戦争」、グアンタナモ基地やアブグレイブ刑務所での人権問題などがあった。なお、鈴木透はパナマ侵攻、湾岸戦争、アフガン侵攻、イラク戦争などは

「リンチ型戦争」であると指摘し、「二十一世紀の世界の行方は、アメリカが変われるかどうかにかかっている。アメリカ自身が抱える暴力の悪循環を断ち切り、『より完全なる統合』を実現するうえでも、また、国際社会の平和を維持するうえでも、『アメリカが変わることがよいことなのだ』というメッセージを、国際社会はアメリカ社会に送り続けるべきなのである」と述べている（鈴木 2006：246）。

太田昌国（民族問題・南北問題研究家）の「米国問題」についての発言を引用しておこう。

世界のどの地域であれ、政治・経済・軍事上の大問題が起こるたびに、それを解決するための交渉や話し合いの場に、必ずといっていいほど米国が登場するのは、この国に倫理的な高みがあるからではない。自分の言葉をしか信じず、周囲を理解しようとしない自己陶酔主義のこの国に備わってしまった、世界の命運を左右するほどの巨大な力のゆえに、である。したがって、これを仮に『米国問題』と名づけるならば、米国外に住む私たちに課せられるのは、米国への強度の依存体制からいかに脱却するかという課題であることを、私たちは自覚している。（太田 2007：270）

私たちは、資源浪費・環境汚染・自然破壊・戦争をもたらす「米国的生活様式」に代わるものをつくり出していかねばならないだろう。

## Ⅱ 「米国問題」を象徴する発言

### スメドレー・バトラー（一九三五年）フランクリン・ローズヴェルト政権時代

スメドレー・バトラー（一八八一〜一九四〇）は、米国海兵隊の少将であったが、退役後の著書『*War Is A Racket*（戦争はいかがわしい商売）』（一九三五年の著書である。Butler and Parfrey 2003, を参照）のなかで次のように述べた。これは有名な発言[1]で、ウィキペディア（Wikipedia）の英語版の「スメドレー・バトラー」の項目（後掲）でも引用されており、またジョエル・アンドレアスの『戦争中毒』などいくつかの文献で引用されている（Andreas 2002 : 8〜9 ; Andreas 2002＝2002 : 12〜13 ; 新原 2007 : 118〜119）。

"I spent 33 years and four months in active military service and during that period I spent most of my time as a high class muscle man for Big Business, for Wall Street and the bankers. In short, I was a racketeer, a gangster for capitalism. I helped make Mexico and especially Tampico safe for American oil interests in 1914. I helped make Haiti and Cuba a decent place for the National City Bank boys to collect revenues in. I helped in the raping of half a dozen Central American republics for the benefit of Wall Street. I helped purify Nicaragua for the International Banking House of Brown Brothers in

1902-1912. I brought light to the Dominican Republic for the American sugar interests in 1916. I helped make Honduras right for the American fruit companies in 1903. In China in 1927 I helped see to it that Standard Oil went on its way unmolested. Looking back on it, I might have given Al Capone a few hints. The best he could do was to operate his racket in three districts. I operated on three continents.”

出典：http://en.wikipedia.org/wiki/Smedley_Butler

「私は、三三年と四ヶ月間、わが国のもっとも敏捷な軍事力――海兵隊の一員として現役任務を経験した。そして、少尉から少将まですべての任官の階級を勤めた。そしてこの期間、ほとんどの日々を、大企業とウォール街と銀行家のための、高級雇われ暴力団員として過ごした。端的に言えば、私は資本主義のためのゆすり屋だった。当時から自分が、ゆすり屋のまさしく一翼ではないかと疑ったものだが、いまではそれを確信するに至った。職業軍人のだれでもがそうであるように、軍務を離れるまでは、私も決して独自の考え方は持っていなかった。上官の命令に従っているあいだは、私の知的能力はずっと一時停止状態にあった。これは、軍務に服しているすべての者に典型的なことである。そんなわけで、一九一四年にはアメリカの石油権益のために、メキシコ、とくにタンピコを安全にする手伝いをした。ハイチやキューバを、ナショナル・シティ銀行の連中が税金を徴収するのにふさわしい場所にするのを助けた。ウォール街のために、一〇あまりの中央アメリカの半分の国々を略奪するのを助けた。ゆすりの経歴は長い。一九〇九～一二年にはブラウン・ブラザース国際金融会社のために、ニカラグアの浄化を助けた。一九一六年に、アメリカの砂糖の利権のためにドミニカ共和国に火をつけた。一九〇三年には、アメリカの果物会社のためにホンジュラスを〝申し分のない〟ものにした。中国では一九二七年に、スタンダード石油が妨げられずにやれるようにするのを助けた。これらの年月のあいだ中、舞台裏の連中がよく言うように、粋な悪事にありついた。そして、叙勲と勲章と昇級で酬いられた。ふりかえって見るとき、私だってアル・カポネ（新原訳注＝米国の禁酒法時代、酒の密売で巨額の利益を手にしたギャング）に、一つや二つくらいのヒントなら与えられたのではないかという気がする。アル・カポネにできたのは、せいぜい市内の三つの区域でゆすりを働くことだった。われわれ海兵隊は、三つの大陸で働いたのだ。」（新原 2007：118～119）

バトラーの言葉を、歴史年表であとづけておこう。

▼一九〇三年　米海兵隊がホンジュラスの革命に干渉
▼一九〇六～〇九年　キューバの選挙の際に米海兵隊が上陸
▼一九〇七年　ホンジュラスの対ニカラグア戦争中に米海兵隊が上陸
▼一九〇八年　パナマの選挙論争に米海兵隊が干渉
▼一九一〇年　米海兵隊がニカラグアのブルーフィールズとコリントに上陸
▼一九一一年　ホンジュラスの内戦中、米国権益保護される
▼一九一二年　キューバのハバナの米国権益が保護される
▼一九一二年　パナマで過熱した選挙中、米海兵隊が上陸
▼一九一二年　ホンジュラスで米海兵隊が米国経済権益保護
▼一九一二～三三年　米国が二〇年にわたるニカラグア占領、ゲリラとの戦い、爆撃も
▼一九一三年　ドミニカ共和国でサントドミンゴをめぐる反乱分子と米軍が戦う
▼一九一四年　ハイチの反乱後一九年にわたる占領、爆撃も行う

▽一九一四〜一八年　米国がメキシコの民族主義に干渉するため同国領土と領海で活動
▽一九一六〜二四年　米海兵隊が八年にわたりドミニカ共和国を占領
▽一九一七〜三三年　キューバを米軍が占領、経済保護領
▽一九一八〜二〇年　パナマで選挙後の不穏な状況のなか、米軍が警察任務
▽一九一九年　ホンジュラスの選挙キャンペーン中、米海兵隊が上陸
▽一九二〇年　グアテマラの労働組合に対し米軍が二週間にわたる干渉
▽一九二七〜三四年　米海兵隊が中国に駐留

出典：Sarder and Davies 2002＝2003：135〜138；Williams 2007：130〜136，156〜159から作成

### ジョージ・ケナン（一九四八年）トルーマン政権時代

ジョージ・フロスト・ケナン（一九〇四〜二〇〇五）は米国のエリート外交官、後に国際政治学者であり、実に長生きであった。晩年には核軍拡に警鐘を鳴らす『核の迷妄』（一九八二年）を書いた。「米国的生活様式」と軍事政策の関連を示唆するものとしてよく引用されるのは、国務省政策企画部長であったジョージ・ケナンの非公開メモ（一九四八年に書かれたが、有権者に情報開示されたのは一九七四年）のなかの次の一節である。(1) 一九四八年とは、ソ連核実験（一九四九年）の前年であり、米英の一部では、「ソ連が核武装する前に予防戦争で叩け」という議論が高まっていた（Easlea 1983＝1988）。

Furthermore, we have about 50% of the world's wealth but only 6.3% of its population. This disparity is particularly great as between ourselves and the peoples of Asia. In this situation, we cannot fail to be the object of envy and resentment. Our real task in the coming period is to devise a pattern of relationships which will permit us to maintain this position of disparity without positive detriment to our national security. To do so, we will have to dispense with all sentimentality and day-dreaming; and our attention will have to be concentrated everywhere on our immediate national objectives. We need not deceive ourselves that we can afford today the luxury of altruism and world-benefaction.

（中略）

We should dispense with the aspiration to "be liked" or to be regarded as the repository of a high-minded international altruism. We should stop putting ourselves in the position of being our brothers' keeper and refrain from offering moral and ideological advice. We should cease to talk about vague and--for the Far East--unreal objectives such as human rights, the raising of the living standards, and democratization. The day is not far off when we are going to have to deal in straight power concepts. The less we are then hampered by idealistic slogans, the better.

出典：Memo PPS23 by George Kennan

http://en.wikisource.org/wiki/Memo_PPS23_by_George_Kennan

「アメリカは世界の富の五〇%（二〇〇一年に三一%）を手にしていながら、人口は世界の六・三%（二〇〇一年に五・〇%）を占めるにすぎない。これではかならず羨望と反発の的になる。今後われわれにとって最大の課題は、このような格差を維持しつつ、それがアメリカの国益を損なうことのないような国際関係を築くことだろう。それにはあらゆる感傷や夢想を拭い去り、さしあたっての国益追求に専念しなければならない。博愛主義や世界に慈善をほどこすといった贅沢な観念は、われわれを欺くものだ。人権、生活水準の向上、民主化などのあいまいで非現実的な目標は論外である。遠からず、むき出しの力で事に当たらねばならないときがくる。」（一部抄訳、西山 2003：212；戸田 2003：26～27；Alexander 1996：1）。

**マデリン・オルブライト（一九九六年）クリントン政権時代**

マデリン・コーベル・オルブライト（一九三七～　）は、女性初の国務長官になった（コリン・パウエルが黒人初、コンドリーザ・ライスが女性二人目で黒人女性初の国務長官）。クリントン政権の米国国連大使在職時の一九九六年五月一二日、テレビリポーターのレズリー・スタールに、経済制裁のせいでイラクの子どもが五〇万人死亡したという国連の推計について尋ねられたとき、オルブライトは、「難しい選択」であったが、「代償として払う値打ちはあった」と答えている。(2) これは有名な発言で、ウィリアム・ブルムやジョン・ピルジャーの著書にも引用されている（Blum 2002＝2003：49；Pilger 2002＝2004：81）。

Question：We have heard that a half million children have died. I mean, that's more

children than died in Hiroshima. And — and you know, is the price worth it?
Answer: I think this is a very hard choice, but the price — we think the price is worth it.

質問：（イラクで）五〇万人の子どもたちが死亡したと聞いています。その数は、ヒロシマの原爆で死んだ子供たちよりも多い。この（経済制裁の）代償は、払うに値するものだったのでしょうか？
回答：それはとても難しい選択だったが、代償は……、われわれは、代償は払うに値したと思う。
（戸田 2003：146；Blum 2002＝2003：81）

## Ⅲ　世界社会に占める米国のプレゼンス

「世界に占める米国のシェア」を一九の数字でみてみよう（**表4－1**）。

### (1)　世界銀行の総裁ポスト

世界銀行の総裁ポストは米国が独占している。ウィキペディア「世界銀行」の「総裁」の項目を下記に転載する。

総裁
暗黙の了解として、国際通貨基金（IMF）の専務理事（managing director）は欧州出身者が選

表4－1　世界に占める米国のシェア

| | 世界に占める米国のシェア(%) | 日本のシェア(%) |
|---|---|---|
| 世界銀行の総裁ポスト | 100 | 0(ただしアジア開発銀行では100) |
| 広告費 | 65 | 12(世界2位) |
| 戦略核兵器 | 53 | |
| 違法麻薬の消費 | 50 | |
| 軍事費 | 45 | 4(世界5位) |
| 銃保有数 | 33 | |
| 武器輸出額 | 31 | |
| 紙消費 | 29 | 9(世界2位) |
| 国内総生産(GDP) | 28 | 9(世界2位) |
| 自動車保有台数 | 26 | 8(世界2位) |
| 石油消費 | 25 | 7(世界3位) |
| 電力消費 | 25 | 7(世界2位) |
| 牛肉消費 | 24 | 1.5 |
| 原子力発電所の数 | 24 | 3(世界3位) |
| 炭酸ガス排出 | 22 | 5(世界4位) |
| 刑務所等収容人口 | 22 | 2 |
| 世界銀行・IMFの投票権 | 17 | 7(世界2位) |
| 喫煙関連疾患の死者 | 9(中国に次いで世界2位) | 2 |
| 人　口 | 5(世界3位) | 2(世界10位) |

出典：戸田清「アメリカ的生活様式を考える」総合人間学会編『総合人間学二　自然と人間の破壊に抗して』(学文社，2008年)，グローバル・エクスチェンジのサイト http://www.globalexchange.org/campaigns/wbimf/faq.html 等から作成。

注：1．炭酸ガス排出総量は米国，中国，ロシア，日本，インド，ドイツ，英国，カナダ，イタリアと韓国の順（2003年）。

2．1人あたり炭酸ガス排出量は米国，ブルネイ，オーストラリア，カナダ，シンガポール，ロシア，ドイツ，英国，日本，韓国の順（2003年 http://www.env.go.jp/policy/hakusyo/zu/h18/html/vk0602010000.html#4_0_5_1)。

3．自動車については長谷川公一ほか『社会学』(有斐閣，2007年）244頁。

4．石油についてはＵＦＪ総合研究所。石油消費は米国，中国，日本，ドイツ，ロシア，インド，韓国，カナダ，フランス，メキシコの順（http://www.murc.jp/report/research/china/2005/20050926.pdf)。

5．軍事費についてはSIPRI（ストックホルム国際平和研究所)。米国，英国，フランス，中国，日本，ドイツ，ロシア，イタリア，サウジアラビア，インドの順（http://www.sipri.org/contents/milap/milex/mex_trends.html)。SIPRI Yearbook 2008.

6．日本の牛肉消費は畜産ZOO鑑（http://zookan.lin.go.jp/kototen/nikuusi/n423_3.htm)。

7．日本はフードマイレージ世界一？　食糧・飼料輸入世界一？　面積あたり原発世界一（地震大国であるが）

8．人口は中国，インド，米国，インドネシア，ブラジル，パキスタン，バングラデシュ，ロシア，ナイジェリア，日本，メキシコの順（以上が人口一億以上）。

9．喫煙疾患死者世界一は中国。

出され、また世界銀行歴代総裁（president）はすべて米国出身者である。副総裁には日本人も選ばれたことがある。

▽一九四六～一九四六年　ユージン・メイアー
▽一九四七～一九四九年　ジョン・ジェイ・マクロイ
▽一九四九～一九六三年　ユージン・ロバート・ブラック
▽一九六三～一九六八年　ジョージ・デビット・ウッズ
▽一九六八～一九八一年　ロバート・マクナマラ（元フォード社長、元国防長官＝ケネディ政権で）
▽一九八一～一九八六年　アルデン・ウィンシップ・クローセン
▽一九八六～一九九一年　バーバー・コナブル
▽一九九一～一九九五年　ルイス・トンプソン・プレストン
▽一九九五～二〇〇五年　ジェームズ・ウォルフェンソン（元投資銀行家）
▽二〇〇五～二〇〇七年　ポール・ウォルフォウィッツ（元国防副長官＝ブッシュ子政権で）
▽二〇〇七～　ロバート・ゼーリック（元国務副長官＝ブッシュ子政権で）

http://ja.wikipedia.org/wiki/%E4%B8%96%E7%95%8C%E9%8A%80%E8%A1%8C

注：（　）内の元職は戸田の注

なお、ＩＭＦ（国際通貨基金）の専務理事は欧州人が、アジア開発銀行の総裁ポストは日本人が独占している。

### (2) 広告費

米国のジャーナリストで市民運動家のドラファンは、一九九七年の時点で米国の広告費は世界の三分の二を占める一八七〇億ドルであり、二位は日本の一二%だと述べている(Draffan 2003:10)。一八七〇億ドルといえば、当時(クリントン政権二期目)の年間軍事費の半分を超える巨額である。とりあえず米国のシェアを六五%とみておこう。

### (3) 戦略核兵器

原水爆禁止日本国民会議のサイトには、国連安保理常任理事国(米、露、英、仏、中)および非公式核保有国(インド、パキスタン、イスラエル)の戦略核弾頭数、非戦略核弾頭数、合計弾頭数の表が出ている。なお北朝鮮は九番目の核兵器保有国になろうとしていた(http://www.gensuikin.org/57/1-7.htm#top)。

非公式三カ国については、合計弾頭数の推計(インド三〇~三五、パキスタン二四~四八、イスラエル二〇〇)のみで、戦略核兵器と非戦略核兵器(戦術核兵器)の内訳はわからない。大型核兵器(戦略核兵器)はいわゆる核抑止のためであり、実戦に使われるおそれがあるのは小型(戦術核)のほうであろう。ブッシュ政権が使うかもしれないと示唆していたのも、地下貫通型の小型核兵器(小型の戦術核)である。実はロシアは戦術核が多いので、合計数も米国より多い。戦略核はもちろん米国が最多である。戦略核は五カ国合計で一万二三二四六発、米国は六四八〇発であるから、米国のシェアは五三％になる。

核兵器実戦使用の「前科」があるのは、もちろん米国だけである。広島・長崎への原爆投下が戦争犯罪であることは言うまでもない（戸田 2006b）。米国政府は、朝鮮戦争、ベトナム戦争、中東戦争、台湾問題などで、核脅迫（核兵器使用の威嚇）・核戦争準備を三〇回以上行ってきた（Gerson 2007＝2007：44；大友・常磐野 1990：92）。

二〇〇二年の「核体制見直し（NPR）」は、従来の不使用を前提とする核抑止から、使える小型核兵器の開発へと転換する方向を示していた。二〇〇二年八月の長崎市平和宣言で、伊藤一長市長（二〇〇七年四月に殺害された）は、テロ対策を口実ないし契機とするロシアとの弾道弾迎撃ミサイル（ABM）制限条約破棄、ミサイル防衛（MD）計画、包括的核実験禁止条約（CTBT）の批准拒否、水爆の起爆装置の製造再開、新しい世代の小型核兵器の開発、核による先制攻撃の可能性表明、ロシアとの戦略核兵器削減条約における取り外した核弾頭の再配備条項などに言及して、「国際社会の核兵器廃絶への努力に逆行しています。こうした一連の米国政府の独断的な行動を、私たちは断じて許すことはできません」と名指しで批判した。

### (4) 違法麻薬消費

麻薬の生産を見ると、ヘロインはアフガニスタンなどが多く、コカインはコロンビアなどが多い。消費では欧米が多い。ドイツのジャーナリスト、マチアス・ブレッカースは、米国が世界の違法麻薬消費の五〇％を占めると述べている（Bröckers 2006：92）。

### ⑸　軍事費

ストックホルム国際平和研究所（ＳＩＰＲＩ）によると、二〇〇五年の米国の軍事費は約四八〇〇億ドルで、世界の四八％であった。一人あたりの軍事費支出は一位が米国の一六〇四ドル、二位がイスラエルの一四三〇ドルであった（宮田 2006：219；新原 2007：68）。またＳＩＰＲＩのサイトによると、二〇〇六年の米国の軍事費は五二八七億ドルで世界の四六％、一人あたりの軍事費は一七五六ドルである。二〇〇六年の軍事費上位一〇カ国は、米国、英国、フランス、中国、日本、ドイツ、ロシア、イタリア、サウジアラビア、インドである（http：//www. sipri. org/contents/milap/milex/mex_trends. html）。二〇〇七年には四五％であった。

二〇〇二年の米国の軍事費は三九九〇億ドルで、二位以下の二〇カ国の合計を上回っていた（高橋 2004：44）。米国の軍事費の推移を見ると、レーガン時代に急増、ブッシュ（父）時代にやや減少、クリントン時代に減少、ブッシュ（子）時代にまた急増という経過になっている（戸田 2003：87）。世界一九二カ国の軍事費の約半分を米国が占めるので、大変なものである。米軍は、全方位支配（full spectrum dominance）を追求している（Bacevich 2002）。すなわち、地球全体と宇宙（大気圏外）を米軍の軍管区に分けて各軍（太平洋軍、欧州軍、中央軍、北方軍、南方軍、宇宙軍）を配置している（梅林 2002：65）。イラク、アフガニスタン、イラン、スーダンなどは中央軍の管轄である。宇宙軍（スペース・コマンド）は、人工衛星の軍事利用、宇宙への兵器配備、さらには宇宙への原発設置まで視野に入れている。土星探査衛星（カッシーニ）や冥王星探査衛星（ニュー・ホライズンズ）へのプルトニウム電池使用も米軍の意向と無関係ではない。そして米軍は、制海権、制空権に加えて、「制宇宙権」を志向している（藤岡 2004）。ミサイル防衛も「宇宙の軍事化」の一環であり、日本もその下請けに組み込まれている（ＰＡＣ３の配備など）。

もちろん最近十数年の「米国の戦争」が外国の資金に支えられているのも事実であり（日本が米国系施設から石油を購入して米艦船に無料給油してきたのも象徴的な事例である）、中国や日本による米国国債の大量購入が米国の財政・経済を支えていることもよく知られている。

良心的な米国人による批判としては、ブルム（元国務省職員）やアンドレアス（社会学者・漫画家）の著作が有益であろう（Blum 2002＝2003；Andreas 2002＝2002）。

(6) **銃保有数**

伊藤千尋（朝日新聞記者）は、米国で「世界の銃の三分の一を占める二億丁以上の銃が出回り、全世帯の半分近くが自宅に銃を持っている」と述べている（伊藤 2007）。とりあえず三三％と見ておこう。

(7) **武器輸出**

ストックホルム国際平和研究所（SIPRI）の統計によると、二〇〇三～〇七年の世界の武器輸出に占める米国のシェアは三一％である（**表４－２**）。第六位は中国がほぼ常連である。すなわち、

**表4-2　主要通常兵器の五大輸出国とその主要輸入国（2003～2007年）**

| 輸出国 | 世界の武器輸出に占めるシェア(%) | 輸出先国の数 | 主要輸入国(当該輸出国の輸出に占める比率，%) |
|---|---|---|---|
| 米　国 | 31 | 71 | 韓国(12)，イスラエル(12)，アラブ首長国連邦(9)，，ギリシャ(8) |
| ロシア | 25 | 45 | 中国(45)，インド(22)，ベネズエラ(5)，アルジェリア(4) |
| ドイツ | 10 | 49 | トルコ(15)，ギリシャ(14)，南アフリカ(12)，オーストラリア(9) |
| フランス | 9 | 43 | アラブ首長国連邦(41)，ギリシャ(12)，サウジアラビア(9)，シンガポール(7) |
| 英　国 | 4 | 38 | 米国(17)，ルーマニア(9)，チリ(9)，インド(8) |

資料：SIPRI Arms Transfer Database による。http://armstrade, sipri. org/
出典：*SIPRI Yearbook* 2008, p. 294
http://www.sipri.org/contents/armstrad/YB08%20Arms%20Transfers%20chapter%207.pdf

世界の武器輸出六大国とは、国連安保理常任理事国（五カ国）およびドイツである。環境先進国ドイツは、武器輸出大国でもある。また、武器輸入大国日本も輸出国別の上位四カ国にはまだ入っていない。憲法第九条のおかげであろう。

### (8) 紙消費

古紙ネットのサイトを見ると、二〇〇一年の時点で国民一人あたりの紙消費量（年間）は、世界平均が五二キログラム、米国が三〇七キログラム、日本が二四三キログラム、インドが五キログラムであった。数字の出典は日本製紙連合会などである（http://homepage2.nifty.com/koshi-net/sub/seisansyouhi.htm）。

当時の世界人口を六〇億人、米国の人口を二億九〇〇〇万人と仮定して単純計算すると、米国のシェアは約二九％である。また、財団法人古紙再生促進センターのサイトによると、二〇〇四年の米国は三一二キログラム、二〇〇五年は三〇一キログラムだから、「減少傾向」のようだ(http://www.prpc.or.jp/statistics/sekainotoukei.pdf)。

同サイトによると、一人あたり消費量は二〇〇五年の時点でルクセンブルク、ベルギー、フィンランドのほうが米国より多い。欧州の「小国」は福祉国家で貧困層が少なく、米国は貧富の格差（小林 2006）が大きいため、平均値は小さくなるのかもしれない。

**(9) 国内総生産**

進藤榮一（国際政治学者）は、世界の国民総生産（GNP）に占める日米のシェアは、一九五一年には米国が四五％、日本が一％であり、一九八〇年代中葉には米国が二七％、日本が一五％であったと述べている（進藤 2001:140）。河辺一郎（国連研究者）は、世界の国内総生産（GDP）に占める米国のシェアが二〇〇五年には三二％であったと述べている（河辺 2006:172）。また藤井厳喜（評論家）は、世界のGDPに占める米国のシェアは、第二次世界大戦直後には六五％であったが、二〇〇二年には三二％になったと指摘する（藤井 2007:234）。GDPの新しい数字では、EU（二七カ国合計）三一％、米国二八％、日本一一％とのことである（井上ひさし長崎講演、二〇〇七年一二月一六日）。

### ⑽ 自動車保有台数

自動車の脱石油化のために、欧米はバイオ燃料を推進している（米国はバイオエタノール、欧州はバイオディーゼルが中心）。そのため従来は食料にまわされていた穀物がバイオ燃料の原料にまわされ、穀物価格が高騰している。食品価格の高騰のため、メキシコなどで低所得層の抗議デモが起こっている。レスター・ブラウン（アースポリシー研究所所長）は朝日新聞のインタビュー（聞き手・田中美保）のなかで、「八億人の車所有者と二〇億人の貧困層が同じ食糧を巡って争う構図だ。」と指摘する（『朝日新聞』二〇〇七年五月二九日）。一九九五年の時点で米国の自動車保有台数は一〇〇〇人あたり七六六台（日本もドイツも五三四台）である（戸田 2003：173）。米国の人口を三億人とすると、一〇年後の現在も保有率がほぼ変わらないとすれば、二億二九八〇万台である。八億で割って単純計算すると、米国のシェアは二九％である。つまり約三〇％である。国連統計局の数字でも、二〇〇二年の米国の自動車保有台数は乗用車一億二〇九三万台、商業車八六九万台、合計二億二九六二万台である（United Nations 2005＝2006：518）。同じく国連の数字では、二〇〇三年の日本は乗用車五五二一万台、商業車一七三一万台、合計七二五二万台である。二〇〇五年（世界人口六四億人）には、世界の四輪車保有台数は八億九六八二万台、米国は一位で二億四一二四万台（世界の二六・九％）、日本は二位で七五六九万台（八・四％）である（長谷川ほか 2007：244）。二〇〇六年には世界の自動車が九億二一七五万台になった（竹内 2008）。米国のシェアを二六％とみておこう。

他方、「交通事故対策の南北格差」にも留意すべきだろう。世界の交通事故死は推計年間一二〇万人で、餓死（一〇〇〇万人）、煙草病（五〇〇万人）、エイズ（三〇〇万人）、結核（二〇〇万人）より少ないが、マラリア（一〇〇万人）や戦争（五〇万人）より多い。公害病（中国だけで一〇〇万人以上）と比べてどちらが多いかはわからない。ところが、先進国は自動車保有台数では六〇％を占めるのに、交通事故死では一四％にすぎないのである（Williams 2004＝2005：110）。車の便利さを享受するのは先進国であり、交通事故の被害を受けやすいのは発展途上国である。ベトナム（人口は日本の三分の二なのに、事故死は毎日三〇人以上で日本の倍、特にバイク事故が多い）などで交通事故は激増しているという（柴田 2007）。

⑾　**石油消費**

前述のブレッカースは、米国が世界の石油消費の四〇％を占めると述べている（Bröckers 2006：150）が、この数字はどうも大きすぎる。三菱ＵＦＪリサーチ（http：//www. murc. jp）のサイトに「ＢＰ世界エネルギー統計」の引用で米国の石油消費は日量約二〇〇〇万バレル、世界に対するシェア二五％とあるが、こちらのほうが正確だろう。なお、世界の石油消費に占める米国のシェアの推移を見ると、一九二〇～五〇年代には五〇％を越えていたが、ピークの一九二五年には七〇％、一九五〇年でもなお五一％であった（戸田 1994：21）。石油大量消費の最大要因である「クルマ社会」の形成と問題点については、スネル弁護士などの分析が有益である（Snell 1974＝2006）。

⑿　**電力消費**

米国の電力消費は世界の二五％を占める（天笠 2007：55）。日本は六・六％である。

⒀　**牛肉消費**

九州大学と鳥取大学の農学部が作成している「世界の食料統計」サイトによると、世界の牛肉消費は二〇〇五年に約五一〇〇万トンである。米国農務省（ＵＳＤＡ）の数字だ（http：//worldfood. apionet. or. jp/graph/graph. cgi?byear=1960&eyear=2006&country=WORLD&article=beefveal&pop=0&type=2）。

食品安全委員会のサイトによると、二〇〇一年の米国の牛肉消費は一二三五万トンである(http：//www. fsc. go. jp/senmon/prion/p-dai7/prion7-siryou4-1. pdf)。

したがって、統計に数年の開きはあるが単純計算すると米国のシェアは約二四％になる。米国式「牛肉文明」がもたらす資源浪費、環境汚染、動物虐待、健康劣化については、リフキン（文明評論家）やパターソン（歴史学者）の分析が有益である（Rifkin, 1992＝1993；Patterson 2002＝2007）。

⒁　**原子力発電所**

日本原子力産業会議の発表によると、二〇〇四年末現在で、運転中の原子力発電所は、世界で四三四基、上位一〇カ国は、米国一〇三基、フランス五九基、日本五二基、ロシア三〇基、英国二三基、韓国一九基、ドイツ一八基、カナダ一七基、インド一四基、ウクライナ一三基である

（原子力資料情報室編 2005：253）。米国のシェアは基数では二四％である。他方、世界の原発出力は三億七九二一万キロワット、米国は一億二五九万キロワットであるから、シェアは二七％になる。基数のシェアに比して出力のシェアが大きいのは、大型原発が多いからである。先進国で原発の増設に熱心なのは日本だけで、二〇〇八年現在で五五基である。

二〇〇六年現在では、世界で四二九基、米国一〇三基、フランス五九基、日本五五基、ロシア二七基、英国一九基、韓国二〇基、ドイツ一七基、カナダ一八基、インド一五基、ウクライナ一五基である（原子力資料情報室編 2007：237）。米国のシェアは基数では二四％である。他方、出力は世界で三億八七〇五万キロワット、米国は一億四七六万キロワットであるから、シェアも二七％で変わりない。二〇〇八年一月現在では、世界で四三五基と三億九二一四万キロワット、米国一〇四基と一億〇六〇六万キロワットであるから、基数のシェアは二四％、出力のシェア二七％で変わりない（原子力資料情報室 2008：257）。

⒂ **炭酸ガス排出**

平成一八年度版環境白書によると、二〇〇三年の時点で世界の炭酸ガス排出に占める米国のシェアは二三％である。数年前の二四％とほぼ変わらない（http：//www. env. go. jp/policy/hakusyo/zu/h18/html/vk0602010000.html#4_0_5_1）。

二〇〇四年の時点では、米国のシェアは二二％になっている（北村 2007：156）。

⒃　**刑務所等収容人口**

レーガン政権以降の米国は、「監獄大国」として知られている。刑務所・拘置所・少年院・軍刑務所などの収容人口は世界九〇〇万人のうち二三〇万人が米国であり、世界一である（Davis 2003＝2008：2-3）。二位が中国の一五〇万人、三位がロシアの八九万人である。世界におけるシェアは二三％となる。人口一〇万人あたりの収監数は、一位が米国の七五〇人（つまり一三三人に一人）、二位がロシアの六二八人、三位がベラルーシの四二六人である（菊川 2008a：52）。米国では犯罪減少にもかかわらず収容は増えており、また収容はアフリカ系、ヒスパニック系に集中している。アフリカ系黒人男性は一五人に一人、ヒスパニック男性は三六人に一人が収監されており、二〇～三四歳のアフリカ系男性は九人に一人が刑務所に入っているというから驚かされる。またジェンダーでは男性が九五％を占めるが、女性の収容も急増している。刑務所内での女性差別事件も多い。日本も収容人口は急増中であるが、現在八万人であり、人口に「見合っている」。

なお先進国で死刑制度を存置しているのが米国と日本だけであることはよく知られているが、死刑執行件数ではやはり中国が多い。中国の死刑執行件数は世界の約八割を占めるが、正確な件数は国家秘密なので不明である（王 2008：97）。

⒄　**世界銀行・IMFの投票権**

世銀改革・世銀批判に取り組む米国のNGOであるグローバル・エクスチェンジのサイトに「米国のシェアはおおむね一七％を維持、G7の合計は約四五％」とあるので、投票権比率に一九九〇年代半ば（北沢・村井編 1995：23）と大きな変化はない（http：//www. globalexchange. org/campaigns/wbimf/faq. html)。

⒅ **喫煙関連疾患**

世界保健機関（ＷＨＯ）によると、喫煙関連疾患による死亡数は、世界で年間に約四九〇万人である（戸田 2006a)。米国保健福祉省（ＵＳＤＨＨＳ）によると、米国では年間約四四万人である。したがって、米国のシェアは約九％である。なお、ＷＨＯの最近の推計によると、受動喫煙（他人の煙）による死亡数は世界で約二〇万人（年間）とのことである（ＮＨＫニュース二〇〇七年五月三〇日)。

煙草病の年間死者は世界で約五〇〇万人、米国で約四五万人、日本で約二〇万人。これは喫煙による能動喫煙被害であるが、他人の喫煙による受動喫煙被害もその五％から一〇％程度になるものとみられる。これは、地上最大規模の構造的暴力である。その「主犯」は煙草会社と煙草を奨励する政府機関である。会社や政府機関の目的は喫煙者の生命健康を害することではなく、利潤や財政収入の増大であるから、典型的な構造的暴力である。世界の三大煙草会社は、フィリップモリス、ブリティッシュ・アメリカン・タバコ、ＪＴ（日本たばこ産業）である（戸田 2006a)。財務省が所管するたばこ事業法（一九八四年制定）は、その第一条でいうように「我が国たばこ産業の健全な発展を図り、もつて財政収入の安定的確保及び国民経済の健全な発展に資することを目的」としている。米国の通商代表部（ＵＳＴＲ）は、自由貿易の美名のもとに煙草の輸出促進をはかっている。厚生労働省や米国保健福祉省は公衆衛生の立場から喫煙抑制をはかっており、ＷＨＯの煙草規制枠組み条約（ＦＣＴＣ）や日本の健康増進法が存在するのであるから、政府の行動が矛盾を含んでいることになる。喫煙者は副流煙によってまわりの人に迷惑（受動喫煙の被害）をかけるので、侵略戦争に動員される下級兵士と同様に「被害者となることによって加害者となる」わけである。

中国衛生部が二〇〇七年五月二九日に発表したところによると、同国で喫煙に起因する疾病での死者が毎年約一〇〇万人、受動喫煙による死者も一〇万人を超えるとの推計値が得られた。中国人一三億人のうち喫煙者は三・五億人。また受動喫煙者は五・四億人で、うち一・八億人が一五歳以下だったという（「中国情報局」サイト　http://news.searchina.ne.jp/disp.cgi?y=2007&d=0530&f=national_0530_001.shtml）。

喫煙関連疾患による死亡の絶対数では人口の多い中国が世界一であるが、人口比では米国のほうが多いだろう。米国の喫煙関連疾患には癌や呼吸器疾患のほかに心臓病も多い。

⒆ **人口**

「世界の人口」サイトによると、二〇〇七年七月二四日現在の世界人口は、約六六億一五〇〇万人である（http://arkot.com/jinkou/）。

人民網日本語版サイトによると、米国の人口は二〇〇六年一〇月一七日に三億人を突破した（http://j.peopledaily.com.cn/2006/10/19/jp20061019_64068.html）。中国、インドに次ぐ、世界第三位の人口で、世界人口に占めるシェアは、五％弱だ。

以上のように、世銀総裁一〇〇％、広告費六五％、戦略核兵器五三％、違法麻薬の消費五〇％、軍事費四五％、銃保有数三三％、武器輸出三一％、紙消費二九％、ＧＤＰ二八％、自動車台数二六％、石油消費二五％、電力消費二五％、牛肉消費二四％、原子力発電所二四％、炭酸ガス排出二二％、刑務所人口二二％、世銀投票権一七％、喫煙関連疾患九％、人口五％というのが、とりあえず得られた数字であった。これらはあくまで「おおまかな目安」にすぎない。しかし、物質フローと貨幣フローにおける米国の地位について、具体的なイメージが得られるであろう。軍事大国であることはよく知られているが、広告費がさらに突出しているのは、不必要なものを大量生産して売りつけるために広告で騙す「浪費社会」の構造（Schor 1998＝2000）を示唆している。

## Ⅳ 「9・11事件」の謎

戦争や秘密工作のためにはしばしば「謀略」が「必要」となる。イランのモサデク政権転覆（一九五三年）、グアテマラのアルベンス政権転覆（一九五四年）、インドネシアのスカルノ政権転覆（一九六五年）、ベトナムでのトンキン湾事件（一九六四年）、チリのアジェンデ政権転覆（一九七三年九月一一日）などである。「謀略」の最新の例が「9・11事件」ではないだろうか。

ブッシュ政権の公式見解は、①アルカイダによる不意打ち的奇襲である。異論（少数意見）には、②予知していたが、傍観していた（a．情報機関レベルの対応、b．トップレベルの対応）、③予知しており、攻撃が成功するように防衛レベルを下げた、④予知しており、被害を拡大するために破壊活動にまで手を染めた、⑤実行犯は米国のスパイで、米国の自作自演、などがある。[3]③に相当するのはハイジャックへの迎撃機を発進しなかったか、もしくは遠方の基地からゆっくり向かわせた、④にはツインタワーが約一〇秒できれいに崩壊するように事前に爆薬を仕掛けた、などが考えられる。⑤の実行犯とは、複数のアラブ男性のことである（私自身は②③④を支持するが、⑤については判断を保留する）。なおＦＢＩのサイトでは、ビン・ラディンは９・11事件ではなく一九九八年テロ（ケニア、タンザニアの米国大使館への攻撃）の容疑者であると説明されている。つまり、９・11事件との関係については、「証拠不十分」なのである。オサマ・ビン・ラディン（一九五七～　）の英文綴りには、Osama Bin LadenとUsama Bin Ladenの二種類があるが、米国政府は後者を愛用しているようだ。Googleで「FBI Bin Laden」を引くと「一〇人の重大な逃亡中容疑者」のなかのビン・ラディンの説明（一九九九年六月掲示、二〇〇一年一一月改訂）が出てくるので確認してほしい（http://www.fbi.gov/wanted/topten/fugitives/laden.htm）。

容疑説明の部分（二〇〇九年一月現在）を抜粋しておこう。

CAUTION

USAMA BIN LADEN IS WANTED IN CONNECTION WITH THE AUGUST 7, 1998, BOMB-

INGS OF THE UNITED STATES EMBASSIES IN DAR ES SALAAM, TANZANIA, AND NAIROBI, KENYA. THESE ATTACKS KILLED OVER 200 PEOPLE. IN ADDITION, BIN LADEN IS A SUSPECT IN OTHER TERRORIST ATTACKS THROUGHOUT THE WORLD.

「オサマ・ビン・ラディンは、一九九八年八月七日にダルエスサラームの駐タンザニア米国大使館とナイロビの駐ケニア米国大使館の爆破で二〇〇人以上殺害したこと及びその他世界各地でのテロ行為の容疑で捜索中である。」

ビン・ラディンと9・11事件の関係が不明であるから、「9・11事件の首謀者は不明である」というのがＦＢＩ（連邦捜査局）の公式見解だということになる。では9・11事件の実行犯についてはどうか。ＦＢＩが事件直後に公表した一九人のアラブ人男性のうち七人は人違いであることがわかったが、情報は訂正されていない。9・11事件についての少数意見（公式見解への異論）は、「9・11事件への米国政府の共犯」という仮説を採用する。「陰謀説」というと誤解を招くので「共犯説」と呼んでおきたい。公式見解も陰謀説なのである。公式見解は「アルカイダ陰謀説」である。少数意見は「外部テロリストと政府の共犯的陰謀説」である。グリフィン教授が繰り返し指摘するように、「二つの陰謀説が対立している」のである。

もし公式見解の虚偽性が十分に証明されるならば、その影響は計り知れないであろう。それは、世界の多くの人々を「米国神話」の呪縛から解き放つ一歩となるに違いない。不正選挙を疑われたブッシュの人気回復も、国際法違反のアフガニスタン戦争、イラク戦争も、愛国者法も、グアンタナモ基地やアブグレイブ収容所の不祥事も、出発点は9・11事件だったのである。

少数意見が提示する「9・11事件の謎」（表4-3）は複雑な問題であるが、日本語文献としては、二〇〇七年九月一一日発行の三冊（Griffin 2004＝2007；木村編 2007；童子丸 2007）が必読である。また、平易な解説としては、漫画本（藤田シーン他 2006）がある。また、未邦訳の英語文献では、グリフィンの三冊とスコットの新著、フェッチャー編の論文集が特に有益であろう（Griffin 2007；Griffin 2008a；Griffin 2008b；Scott 2007；Fetzer（ed）2007）。スコット教授は映像『テロリストは誰？　第三世界に対する戦争　僕がアメリカの外交政策について学んだこと』（グローバルピースキャンペーン、二〇〇四年）にも出演している。

世界貿易センター（WTC）のツインタワーはそれぞれ約一〇秒で崩壊した。数百カ所以上のボルト・ナットや溶接が一挙に破断しないとそうならないので、事前に爆薬を設置した可能性が示唆される。爆薬によると思われる爆発音を聞いたという消防士などの証言も多い。ツインタワーから一〇〇メートル離れた「第七ビル」が午後五時すぎに一〇秒以内で崩壊したことも不可解である。第七ビルには飛行機が激突していない。そもそも第七ビルの崩壊自体が話題にならなかったので、第七ビルの崩壊の事実そのものを知らない人も多い。第七ビルも爆薬の設置による制御解体（controlled demolition）の可能性が示唆される。ツインタワーにしても、飛行機の激突と五〇分や九〇分の火災だけで崩壊するのは不思議である。飛行機の激突はなかったにしても、二〇〇五年のマドリードの高層ビル火災では、二〇時間の火災でもビルの崩壊はなかった。ツインタワーの崩壊の際にはがれた鉄柱が、一五〇メートル離れたビルに「突き刺さった」のも不可解である（童子丸 2007）。位置エネルギーからそのような水平方向のエネルギーが生じるであろ

**表4－3　9・11事件の謎**（2001年9月11日の出来事）

| 空港出発 | 旅客機の最初の異変（諸説あり） | 衝突 | 崩壊 | 主な仮説・疑惑（米国政府共犯説） |
|---|---|---|---|---|
| アメリカン航空11便<br>ボストン<br>7時59分 | 8時14分 | WTC1（ノースタワー）8時46分 | 10時28分（衝突から102分後） | 爆破解体か？ |
| ユナイテッド航空175便<br>ボストン<br>8時14分 | 8時42分 | WTC2（サウスタワー）9時03分 | 9時59分（衝突から56分後） | 爆破解体か？ |
| アメリカン航空77便<br>ワシントン<br>8時20分 | 8時46分 | ペンタゴン<br>9時32分（地震観測データほか）または9時38分（政府見解） | | 衝突したのは別の飛行物体か？ |
| ユナイテッド航空93便<br>ニューアーク［ニュージャージー州］<br>8時42分（予定より41分遅れ） | 9時16分または9時28分 | ペンシルヴァニア州シャンクスビル<br>10時06分（地震観測データほか）または10時03分（政府見解） | | 墜落ではなく米軍による撃墜か？<br>（93便無傷説もある） |
| | | なし | WTC7（第7ビル）17時20分 | 爆破解体か？ |

出典：『9・11事件は謀略か』デヴィッド・レイ・グリフィン，きくちゆみ・戸田清訳（緑風出版 2007年）および下記Griffin 2008a; Griffin 2008b から戸田が作成。WTC1とWTC2をあわせてツインタワーと言う。

うか。

ハイジャックがわかってから迎撃機がすぐに発進する標準手順がとられなかったことも不思議である。公式説明では、三機目がペンタゴンに激突してから迎撃機が発進した、あるいは近くの空軍基地からではなく遠方の空軍基地から、最高速度ではなく最高速度の三分の一位の速度で現地へ向かったことになっている。

ペンタゴンへの激突は、旅客機が激突する場面の写真がないし、激突で生じた穴も小さすぎる。そもそも世界一厳重に警備されているペンタゴンに激突すること自体が不可解である。友軍の信号を出す米軍の飛行物体（無人飛行機やミサイルなど）がペンタゴンに激突した可能性が示唆されている。

9・11事件の真相を追究する市民運動が注目されるが、とりあえず四つのサイトを紹介しておこう。

●9・11事件再調査運動（ReOpen 911）　http://www.reopen911.org/
●9・11事件の真相を究明する学者の会（Scholars for 9/11 Truth）　http://911scholars.org/
●9・11事件の真相と正義を追求する学者の会（Scholars for (9)/11 Truth & Justice）　http://stj911.org/
●9・11事件の公式見解を疑う愛国者の会（Patriots Question 9/11）　http://patriotsquestion911.com/

（1）バトラーの有名な発言（三三年四カ月の軍務について）は *War Is A Racket* の復刻版単行本の解説には出ているが、本文には出てこないので不可解である。この文章には雑誌掲載時（「アメリカの軍隊」『コモン・センス』一九三五年一一月号）と単行本収録時の二つのバージョンがあり、有名な一節は単行本収録時に刺激的であるとして削除されたのかもしれない。

（2）このオルブライト発言は、日本語字幕付きの映像で見ることができる。『テロリストは誰？』（フランク・ドリル編、きくちゆみほか訳、グローバルピースキャンペーン、二〇〇四年）所収の映像「経済制裁による大量殺戮」。

（3）①～⑤の整理は藤岡惇講演「宇宙軍拡とミサイル防衛」（二〇〇七年一一月一七日、福岡）による。

**【インターネット情報・文献】**

ウィキペディア（Wikipedia）英語版の「Smedley Butler（スメドレー・バトラー）」
　http://en.wikipedia.org/wiki/Smedley_Butler
ウィキペディア（Wikipedia）英語版の「George F. Kennan（ジョージ・ケナン）」
　http://en.wikipedia.org/wiki/George_F._Kennan
ウィキペディア（Wikipedia）英語版の「Madeleine Albright（マデリン・オルブライト）」
　http://en.wikipedia.org/wiki/Madeleine_Albright
Memo PPS23 by George Kennan
　http://en.wikisource.org/wiki/Memo_PPS23_by_George_Kennan
ウィキペディア英語版「Church Committee（米国上院チャーチ委員会）」
　http://en.wikipedia.org/wiki/Church_Committee
天笠啓祐　2007『バイオ燃料　畑でつくるエネルギー』コモンズ
荒井信一　2008『空爆の歴史』岩波新書
有馬哲夫　2008『原発・正力・ＣＩＡ　機密文書で読む昭和裏面史』新潮新書

生井英考 2006『空の帝国アメリカの20世紀』講談社
伊藤千尋 2007a「伊藤千尋の国際時転　アメリカ合衆国」『週刊金曜日』六五三号、四〇頁（五月一一日）
伊藤千尋 2007b『反米大陸　中南米がアメリカにつきつけるＮＯ！』集英社新書
梅林宏道 2002『在日米軍』岩波新書
円道まさみ 2002『アメリカってどんな国？』新日本出版社
王雲海 2008『日本の刑罰は重いか軽いか』集英社新書
太田昌国 2007『暴力批判論』太田出版
大塚秀之 2007『格差国家アメリカ　広がる貧困、つのる不平等』大月書店
大友詔雄・常磐野和男 1990『原子力技術論』全国大学生活協同組合連合会
小倉英敬 2005『侵略のアメリカ合衆国史〈帝国〉の内と外』新泉社
越智道雄 2008『なぜアメリカ大統領は戦争をしたがるのか？』アスキー新書
河井智康 1998『核実験は何をもたらすか　核大国アメリカの良心を問う』新日本出版社
河井智康 2003『原爆開発における人体実験の実相　米政府調査報告書を読む』新日本出版社
河辺一郎 2006『日本の外交は国民に何を隠しているのか』集英社新書
菅英輝 2007「いま日本の外交を考える」『長崎平和研究』一三号、六〜一三頁、長崎平和研究所
菅英輝 2008『アメリカの世界戦略　戦争はどう利用されるのか』中公新書
菊川征司 2008a『闇の世界金融の超不都合な真実』徳間書店5次元文庫
菊川征司 2008b『9・11テロの超不都合な真実』徳間書店5次元文庫
北沢洋子・村井吉敬編 1995『顔のない国際機関：ＩＭＦ・世界銀行』学陽書房
北村慶 2007『「温暖化」がカネになる』ＰＨＰ研究所
木村朗 2006『危機の時代の平和学』法律文化社
木村朗編 2007『9・11事件の省察　偽りの反テロ戦争とつくられる戦争構造』凱風社
楠山忠之 2004『結局、アメリカの患部ばっかり撮っていた』三五館

久山昇 2008「GMの苦悩と米自動車産業」『経済』四月号、七一〜七八頁、新日本出版社　米自動車市場は世界の販売台数の三割、人口一人あたり一・二台、五〇％以上の世帯が複数保有。単純計算で三億六〇〇〇万台になる。
栗林輝夫 2005『キリスト教帝国アメリカ　ブッシュの神学とネオコン、宗教右派』キリスト新聞社
栗原康 2008『G8サミット体制とはなにか』以文社
原子力資料情報室編 2005『原子力市民年鑑2005』七つ森書館
原子力資料情報室編 2007『原子力市民年鑑2007』七つ森書館
原子力資料情報室編 2008『原子力市民年鑑2008』七つ森書館
小林由美 2006『超・格差社会アメリカの真実』日経BP社
近藤健 2008『反米主義』講談社現代新書
三枝義浩 2004『汚れた弾丸：劣化ウラン弾に苦しむイラクの人々　アフガニスタンで起こったこと：不屈の医師中村哲物語』講談社（漫画）
さがら邦夫 2002『地球温暖化と米国の責任』藤原書店
桜井春彦 2005『テロ帝国アメリカは21世紀に耐えられない　アメリカによるテロの歴史』三一書房
桜井春彦 2007『アメリカ帝国はイランで墓穴を掘る』洋泉社
柴田直治 2007「ベトナム『交通戦争』　無免許・飲酒運転当然、事故死は日本の倍」『朝日新聞』四月一三日
品川正治 2006『九条がつくる脱アメリカ型国家　財界リーダーの提言』青灯社
清水知久 1968『アメリカ帝国』亜紀書房
進藤榮一 1994『アメリカ　黄昏の帝国』岩波新書
進藤栄一 2001『現代国際関係学』有斐閣
鈴木透 2006『性と暴力のアメリカ』中公新書
高橋和夫 2004『国際政治　改訂版　9月11日後の世界』放送大学教育振興会

竹内幸史 2008「環境元年　第6部　文明ウォーズ2　クルマ大国　悩む米」『朝日新聞』一二月二日
田城明 2007『ヒロシマ記者が歩く戦争格差社会アメリカ』岩波書店
田中利幸 2008『空の戦争史』講談社現代新書
田中優 2005『戦争をやめさせ環境破壊をくいとめる新しい社会のつくり方』合同出版
田中優 2007『地球温暖化　人類滅亡のシナリオは回避できるか』扶桑社新書
堤未果 2006『報道が教えてくれないアメリカ弱者革命』海鳴社
堤未果 2008『ルポ　貧困大国アメリカ』岩波新書
童子丸開 2007『「WTC（世界貿易センター）ビル崩壊」の徹底究明　破綻した米国政府の「9・11」公式説』社会評論社
徳本栄一郎 2009「珠湾攻撃『改竄された米公文書』」『現代』一月号、六〇～七一頁、講談社
土佐弘之 2006『アナーキカル・ガヴァナンス』御茶の水書房
戸田清 1994『環境的公正を求めて』新曜社
戸田清 2003『環境学と平和学』新泉社
戸田清 2006a「煙草問題を考える」『ナガサキコラムカフェAGASA』三号、五六～五七頁、山猫工房出版局
戸田清 2006b「原爆投下を裁く国際民衆法廷・広島」『長崎平和研究』二一号、五六～六四頁
戸田清 2007a「9・11事件と平和学」木村朗編『9・11事件の省察　偽りの反テロ戦争とつくられる戦争構造』凱風社
戸田清 2007b「先進国の資源浪費は集団的エゴイズム」『大法輪』一一月号、七一～七二頁
戸田清 2008「アメリカ的生活様式を考える」総合人間学会編『総合人間学2』学文社
成澤宗男 2006『「9・11」の謎　世界はだまされた!?』金曜日
成澤宗男 2008『続　9・11の謎　「アルカイダ」は米国がつくった幻だった』金曜日
新原昭治 2007『「日米同盟」と戦争のにおい　米軍再編のほんとうのねらい』学習の友社

西崎文子 2004『アメリカ外交とは何か　歴史の中の自画像』岩波新書
西崎文子 2007「ポスト冷戦時代再考」『論座』五月号、朝日新聞社
西谷修 2006『〈テロル〉との戦争』以文社
西山太吉 2007『沖縄密約　「情報犯罪」と日米同盟』岩波新書
西山俊彦 2003『一極覇権主義とキリスト教の役割』フリープレス
長谷川公一・浜日出夫・藤村正之・町村敬志 2007『社会学』有斐閣
藤井厳喜 2007『総下流時代』光文社
藤岡惇 2004『グローバリゼーションと戦争　宇宙と核の覇権めざす米国』大月書店
藤岡惇・新原昭治・増田正人・岡田則男 2008「座談会「ブッシュの8年」をどうみるか」『経済』四月号、一四〜四四頁、新日本出版社
藤田シーンほか 2006『実録　アメリカの陰謀』宙出版（漫画）
藤永茂 1974『アメリカ・インディアン悲史』朝日新聞社
広瀬隆 1999『アメリカの経済支配者たち』集英社新書
広瀬隆 2001『アメリカの巨大軍需産業』集英社新書
古矢旬 2004『アメリカ　過去と現在の間』岩波新書
本田雅和・風砂子デアンジェリス 2000『環境レイシズム　アメリカ「がん回廊」を行く』解放出版社
前田哲男 2006『戦略爆撃の思想　ゲルニカ・重慶・広島』新訂版、凱風社
松尾文夫 2004『銃を持つ民主主義』小学館
三國陽夫 2005『黒字亡国』文春新書
見田宗介 1996『現代社会の理論』岩波新書
宮田律 2006『軍産複合体のアメリカ』青灯社
本山美彦 2008『金融権力』岩波新書
森住卓（写真・文）2002『イラク　湾岸戦争の子どもたち　劣化ウラン弾は何をもたらしたか』高文研

森住卓 2003『核に蝕まれる地球』岩波書店
森住卓（写真・文）2005『イラク　占領と核汚染』高文研
矢澤修次郎 1996『アメリカ知識人の思想』東京大学出版会
桝田耕一 2004『アメリカ中毒症候群』ほんの木
油井大三郎 2008『好戦の共和国アメリカ』岩波新書
吉田健正 2007『「軍事植民地」沖縄』高文研
吉田敏宏 2006『反空爆の思想』ＮＨＫブックス
米本昌平 1998「文明論としての地球温暖化」『中央公論』一月号
クシニッチ、デニス（Dennis Kucinich）・きくちゆみ 2003『デニス・クシニッチ　アメリカに平和の大統領を』ナチュラルスピリット
ラミス、ダグラス（Douglas Lummis）2003『なぜアメリカはこんなに戦争をするのか』晶文社
ラミス、ダグラス 2004『経済成長がなければ私たちは豊かになれないのだろうか』平凡社ライブラリー

Alexander, Titus 1996, *Unravelling Global Apartheid*, Polity Press
Andreas, Joel 2002, *Why the U. S. Can't Kick Militarism*, AK Press（＝2002, きくちゆみ監訳『戦争中毒　アメリカが軍国主義を脱け出せない本当の理由』合同出版）
Bacevich, Andrew 2002, *American Empire*, Harvard University Press
Bacevich, Andrew 2005, *The New American Militarism*, Oxford University Press
Blum, William 2002, *Rogue State: A Guide to the World's Only Superpower*, Zed Books（＝2003, 益岡賢訳『アメリカの国家犯罪全書』作品社）「ならず者国家」としての米国を分析
Bröckers, Mathias 2006, *Conspiracies, Conspiracy Theories and the Secrets of 9/11*, Progressive Press
Brzezinski, Zbigniew K 2007, *Second chance*, Basic Books（＝2007, 峯村利哉訳『ブッシュが壊したアメリカ』徳間書店）

Butler, Smedley and Adam Parfrey 2003, *War Is A Racket: The Anti-War Classic by America's Most Decorated General*, Feral House　原著1935

Caldicott, Helen 2004, *The New Nuclear Danger*, second edition, The New Press（＝2008, 岡野内正・ミグリアーチ慶子訳『狂気の核武装大国アメリカ』集英社新書）

Chomsky, Noam 2000, *Rogue States: The Rule of Force in World Affairs*, South End Press（＝2002, 塚田幸三訳『「ならず者国家」と新たな戦争』荒竹出版、抄訳）　原題から示唆されるように、最強の「ならず者国家」としての米国を分析

Church Committee 1976, *US Senate Report on Intelligence Activities and the Rights of Americans*（＝1976, 毎日新聞社外信部訳『ＣＩＡ暗殺計画　米上院特別委員会報告書』毎日新聞社）

Davis, Angela 2003, *Are Prisons Obsolete?*, Seven Stories Press（＝2008, 上杉忍訳『監獄ビジネス　グローバリズムと産獄複合体』岩波書店）

Draffan, George 2003, *The Elite Consensus*, Apex Press

Durning, Alan 1992, *How Much is Enough?*, Earthscan（＝1996, 山藤泰訳『どれだけ消費すれば満足なのか：消費社会と地球の未来』ダイヤモンド社）

Easlea, Brian 1983, *Fathering the Unthinkable: Masculinity, Scientists and the Nuclear Arms Race*, Pluto Press（＝1988, 相良邦夫・戸田清訳『性からみた核の終焉』新評論）

Fetzer, James(ed) 2007, *The 9/11 Conspiracy: The Scamming of America*, Catfeet Press

Gerson, Joseph 2007, *Empire and the Bomb: How the US Uses Nuclear Weapons to Domonate the World*, Pluto Press（＝2007, 原水爆禁止日本協議会訳『帝国と核兵器』新日本出版社、抄訳）

Griffin, David Ray 2004, *The New Pearl Harbor*, Olive Branch Press（＝2007, きくちゆみ・戸田清訳『9・11事件は謀略か　「21世紀の真珠湾攻撃」とブッシュ政権』緑風出版）

Griffin, David Ray 2007, *Debunking 9/11 Debunking: An Answer to Popular Mechanics and Other Defenders of the Official Conspiracy Theory*, Olive Branch Press

Griffin, David Ray 2008a, *9／11 Contradictions: An Open Letter to Congress and the Press*, Olive Branch Press

Griffin, David Ray 2008b, *The New Pearl Harbor Revisited: 9／11, the Cover-Up, and the Exposé*, Olive Branch Press

Hertsgaard, Mark 2002, *The eagle's shadow*, Farrar Straus Giroux（＝2002, 忠平美幸訳『だからアメリカは嫌われる』草思社）

Hudson, Michael 2002, *Super imperialism*, Pluto Press（＝2002, 広津倫子訳『超帝国主義国家アメリカの内幕』徳間書店）

Johnson, Chalmers 2000, *Blowback: The Cost and Consequences of American Empire*（＝2000, 鈴木主税訳『アメリカ帝国への報復』草思社）

Johnson, Chalmers 2004, *The Sorrows of Empire*（＝2004, 村上和久訳『アメリカ帝国の悲劇』文藝春秋）

Jonson, Chalmers 2008, Why the United States Really Has Gone Broke, *Le Monde Diplomatique*（＝2008, 川井孝子・安濃一樹訳「軍事ケインズ主義の終焉」『世界』四月号、四四～五二頁、岩波書店　ジョンソンの試算によると二〇〇八年度の米軍事費は六二三〇億ドル、二〇〇四年の世界軍事費は一兆一〇〇〇億ドルで、単純に割り算すると米国のシェアは五七％になる。日本の軍事費は米、中、露、仏に次ぐ世界五位で四一七億五〇〇〇万ドル（二〇〇七年度）

Kennan, George 1982, *The Nuclear Delusion: Soviet-American Relations in the Atomic Age*（＝1984, 佐々木坦・佐々木文子訳『核の迷妄』社会思想社）

Klare, Michael 2004, *Blood and War*, Henry Holt and Company（＝2004, 柴田裕之訳『血と油　アメリカの石油獲得戦争』ＮＨＫ出版）

Krugman, Paul 2007, *The Conscience of a Liberal*, W. W. Norton（＝2008, 三上義一訳『格差はつくられた　保守派がアメリカを支配し続けるための呆れた戦略』早川書房）

Lens, Sydney 1970, *The Military-Industrial Complex*, United Church Press（＝1971, 小原敬士訳『軍産複合体制』岩波新書）
McCartney, Laton 1988, *Friends in high places*, Simon and Schster（＝1988, 広瀬隆訳『ベクテルの秘密ファイル　ＣＩＡ・原子力・ホワイトハウス』ダイヤモンド社）
Otterman, Michael 2007, *American Torture: From the Cold War to Abu Ghraib and Beyond*, London: Pluto Press
Patterson, Charles 2002, *Eternal Treblinka: Our Treatment of Animals and the Holocaust*, Lantern Books（＝2007, 戸田清訳『永遠の絶滅収容所　動物虐待とホロコースト』緑風出版）
Pelletière, Stephen 2004, *America's Oil Wars*, Praeger（＝2006, 荒井雅子訳『陰謀国家アメリカの石油戦争』ビジネス社）　著者は元ＣＩＡイラク担当分析官、政治学博士（カリフォルニア大学バークレー校）
Perkins, John 2004, *Confessions of An Economic Hitman*（＝2007, 古草秀子訳『エコノミック・ヒットマン　途上国を食い物にするアメリカ』東洋経済新報社）
Pilger, John 2002, *The new rulers of the world*, Verso（＝2004, 井上礼子訳『世界の新しい支配者たち　欺瞞と暴力の現場から』岩波書店）
Prestowitz, Clyde 2003, *Rogue Nation: American Unilateralism and the Failure of Good Intention*, Basic Books（＝2003, 鈴木主税訳『ならずもの国家アメリカ』講談社）
Reich, Robert 2007, *Supercapitalism*（＝2008, 雨宮寛・今井章子訳『暴走する資本主義』東洋経済新報社）
Rifkin, Jeremy 1992, *Beyond Beef: The Rise and Fall of the Cattle Culture*（＝1993, 北濃秋子訳『脱牛肉文明への挑戦　繁栄と健康の神話を撃つ』ダイヤモンド社）
Rogers, Paul 2002, *Losing Control*, Pluto Press（＝2003, 岡本三夫監訳『暴走するアメリカの世紀　平和学は提言する』法律文化社）

Sarder, Ziauddin and Merryl Wyn Davies 2002, *Why Do People Hate America?*, Icon Books（＝2003, 浜田徹訳『反米の理由　なぜ米国は嫌われるのか？』ネコ・パブリッシング）
Schaffer, Ronald 1988, *Wings of judgment*, Oxford University Press（＝1996, 深田民生訳『アメリカの日本空襲にモラルはあったか　戦略爆撃の道義的問題』草思社）
Schor, Juliet 1998, *The Overspent American: Why We Want What We Don't Need*, Basic Books（＝2000, 森岡孝二監訳『浪費するアメリカ人　なぜ要らないものまで欲しがるか』岩波書店）
Schor, Juliet 2004, *Born to Buy*, Scribner（＝2005, 中谷和男訳『子どもを狙え　キッズ・マーケットの危険な罠』アスペクト）
Scott, Peter Dale 2003, *Drugs, Oil, and War: The United States in Afghanistan, Colombia, and Indochina*, Rowman & Littlefield Publishers
Scott, Peter Dale 2007, *The Road to 9/11: Wealth, Empire, and the Future of America*, University of California Press
Simms, Andrew 2005, *Ecological Debt*, Pluto Press
Snell, Bradford 1974, *American Ground Transport*（＝2006, 戸田清ほか訳『クルマが鉄道を滅ぼしたビッグスリーの犯罪』増補版，緑風出版）
Stannard, David 1992, *American Holocaust: Columbus and the Conquest of the New World*, Oxford University Press
Stiglitz, Joseph and Linda Bilmes 2008, *The Three Trillion Dollar War: The True Cost of the Iraq Conflict*, W. W. Norton（＝2008, 楡井浩一訳『世界を不幸にするアメリカの戦争経済　イラク戦費3兆ドルの衝撃』徳間書店）
Todd, Emmanuel 2002, *Apres l'empire*, Gallimard（＝2003, 石崎晴己訳『帝国以後　アメリカ・システムの崩壊』藤原書店）
Tokar, Brian, 1997, *Earth for Sale*, South End Press

Totten, Bill（ビル・トッテン）2007,『日本は略奪国家アメリカを棄てよ』ビジネス社　日本に帰化した米国人による日本語著書
United Nations, Department of Economic and Social Affairs, Statistics Division 2005, *Statistical Yearbook* Forty-ninth issue（＝2006, 原書房編集部訳『国際連合　世界統計年鑑　2002—2004』原書房）
van Wolfren, Karel 2007, *The End of American Hegemony*（＝2007, 井上実訳『日本人だけが知らないアメリカ「世界支配」の終わり』徳間書店）
Wackernagel et al 2000, *Sharing Nature's Interest*, Earthscan（＝2005, 五頭美知訳『エコロジカル・フットプリントの活用』合同出版）
Weiner, Tim 2007, *Lagacy of Ashes: The History of CIA*, Doubleday（＝2008, 藤田博司・山田侑平・佐藤信行訳『ＣＩＡ秘録　その誕生から今日まで』上下、文藝春秋）
Williams, Jessica 2004, *50 Facts That Should Change The World*, Icon Books（＝2005, 酒井泰介訳『世界を見る目が変わる50の事実』草思社）
Williams, William Appleman 2007, *Empire As A Way of Life*, I. G. Publishing. Introduction by Andrew Bacevich（原著 1980）
Zinn, Howard 1990, *Declarations of Independence*（＝1993, 猿谷要監修、飯野正子・高村宏子訳『甦れ独立宣言　アメリカ理想主義の検証』人文書院）
Zinn, Howard 2002, *Terrorism and War*, Seven Stories Press（＝2003, 田中利幸訳『テロリズムと戦争』大月書店）
Zinn, Howard 2003, *A People's History of the United States: 1492—Present*, Harper Collins（＝2005, 猿谷要監修『民衆のアメリカ史：1492年から現代まで』上下、明石書店）

【映像資料】
西谷文和撮影、イラクの子どもを救う会（大阪府吹田市）2007『イラク　戦場からの告発』DVDビデオ三二分　戦争あかんシリーズ2
キーワード⇩劣化ウラン弾、クラスター爆弾、ハラブジャの悲劇（毒ガス）、湾岸戦争、イラン・イラク戦争、イラク戦争、戦争犯罪
イラクの子どもを救う会　http://www.nowiraq.com/
西谷文和、イラクの子どもを救う会 2008、『ジャーハダ　イラク　民衆の闘い』DVDビデオ三六分
グローバルピーススキャンペーン（きくちゆみ）2006『911の嘘をくずせ　ルース・チェンジ　第2版』DVD八二分、Loose Change Second Edition
キーワード⇩同時多発テロ、ブッシュ政権による情報操作
グローバルピーススキャンペーン http://globalpeace.jp/
グローバルピーススキャンペーン（きくちゆみ）2004『911ボーイングを捜せ　航空機は証言する』五〇分
キーワード⇩同時多発テロ、ブッシュ政権による情報操作
『911ボーイングを捜せ　航空機は証言する　ガイドブック』（グローバルピーススキャンペーン、二〇〇四年）もある。
グローバルピーススキャンペーン（きくちゆみ）2004『テロリストは誰？　第三世界に対する戦争　僕がアメリカの外交政策について学んだこと』一二〇分
フランク・ドリル編、What I have Learned about U. S. Foreign Policy : The War against the Third World, Frank Dorrel　1．マーティン・ルーサー・キング Jr. 牧師（二分四五秒）／2．元CIA高官ジョン・ストックウェル（六分一八秒）／3．影の政府：憲法の危機（二一分四一秒）CIA／4．隠ぺい工作　イラン・コントラ事件の裏で（二〇分四六秒）／5．スクール・オブ・アメリカズ　暗殺者学校（一三分三一秒）SOA／WHINSEC／6．経済制裁による大量虐殺（一二分四〇秒）イラク経済制裁、オルブライト発言／7．東チモールの大虐殺（五分一三秒）／8．嘘まみれのパナマ戦争

（二二分五秒）／9．ラムゼー・クラーク　元米国司法長官（七分四六秒）／10．ブライアン・ウィルソンの癒し（八分三七秒）　映像解説パンフレット『テロリストは誰？　ガイドブック』グローバルピースキャンペーン編（合同出版発売、二〇〇四年）完全シナリオ収録。一一二頁。
キーワード⇩ＣＩＡの秘密工作、イラン・コントラ事件、パナマ侵攻、スクール・オブ・アメリカズ（暗殺者学校）、経済制裁、東チモール、ラムゼー・クラークと民衆法廷
ロバート・グリーンウォルド監督 2006『IRAQ for Sale　戦争成金たち』アメリカ、カラー、ＤＶＤ七五分
イラク戦争でイラク人のみならず米軍兵士と社員の生命・健康、環境を犠牲に金儲けに暴走する民間軍事会社（ＰＭＣ）、チェイニー副大統領が元ＣＥＯであるハリバートンとその子会社ＫＢＲ、ブラックウォーター、タイタン、ＣＡＣＩなど。水増し請求スキャンダルでも株価は上昇。恥ずかしい米国資本主義。日本語版は人民新聞社（大阪）

# 第5章 原爆投下を裁く国際民衆法廷

「原爆投下を裁く国際民衆法廷・広島（The International Peoples' Tribunal on the Dropping of Atomic Bombs on Hiroshima and Nagasaki）」が二〇〇六年七月一五～一六日に広島平和記念資料館のメモリアルホールで開催された。長崎の森口貢さん、森口正彦さんらとともに参加した。概要を紹介する。

## Ⅰ　民衆法廷・広島の概要

「民衆法廷（Peoples' Tribunal）」は国家あるいは国家群によって行われる法廷（権力法廷）と違って強制力[1]は持たないが、既存の国際法に照らして、裁かれないままになっている国家犯罪を法学者や法曹が「裁く」ものである。民衆法廷[2]はこれまで、ベトナム戦争（バートランド・ラッセル法廷）、湾岸戦争（ラムゼー・クラーク法廷）、戦時性暴力（従軍慰安婦制度）、アフガニスタン戦争、イラク戦争などについて行われてきた。

▼今回の法廷の「判事団」は次の三名である。

レノックス・ハインズ（米国ラトガース大学法学部教授、国際法・刑法、国際民主法律家協会終身国連代表）アフリカ系アメリカ人で、二〇〇五年にはフィリピン国際民衆法廷の判事をつとめた。

カルロス・ヴァルガス（コスタリカ国際法律大学法学部教授、国際法、国際反核法律家協会副会長）

家正治（いえ・まさじ）（姫路獨協大学法学部教授、国際法・国際機構論、神戸市外国語大学名誉教授、日本国際法律家協会副会長）(3)

▼「検事団」は次の五名である。

足立修一（広島弁護士会）、井上正信（広島弁護士会）、下中奈美（広島弁護士会）、秋元理匡（あきもと・まさただ、千葉弁護士会）、崔鳳泰（チェ・ボンテ、韓国／大邱地方弁護士会）

▼「アミカス・キュリエ（法廷助言者）」

大久保賢一（埼玉弁護士会）

今回の被告は全員故人であり、被告の代理人として出席するよう米国政府に招請状を送ったが、民衆法廷の通例のように欠席している。被告の主張を解説することもアミカス・キュリエの役目である。

▼「告発人」

被爆者・広島市民・長崎市民・その他被爆者を支援する市民

▼「被告人」は次の一五名。全員故人で、米国の白人男性である。

フランクリン・D・ローズヴェルト　大統領
ハリー・S・トルーマン　大統領
ジェームズ・F・バーンズ　国務長官
ヘンリー・L・スティムソン　陸軍長官（肩書きを直訳すれば戦争長官）
ジョージ・C・マーシャル　陸軍参謀総長
トーマス・T・ハンディ　陸軍参謀総長代行
ヘンリー・H・アーノルド　陸軍航空隊総司令官
カール・A・スパーツ　陸軍戦略航空隊総指揮官
カーティス・E・ルメイ　第二〇航空軍司令官
ポール・W・ティベッツ　中佐（エノラゲイ機長）
ウィリアム・S・パーソンズ　大佐（エノラゲイ爆撃指揮官）
チャールズ・W・スウィーニー　大尉（ボックスカー機長）
フレデリック・L・アシュワーズ　中佐（ボックスカー爆撃指揮官）
レスリー・R・グローヴズ　少将（マンハッタン計画・総司令官）
ジュリアス・R・オッペンハイマー　（ロスアラモス科学研究所所長）

▼「法廷書記局」
坪井直、佐々木猛也、田中利幸、舟橋喜恵、横原由紀夫、利元克巳、奥原弘美、久野成章、日南田成志

▼「共同代表」

佐々木猛也、田中利幸、坪井直

七月一五日には共同代表による開会の辞（田中利幸）、起訴状朗読、アミカス・キュリエ意見、専門家証人の証言（医学の鎌田七男）、被爆者証人の証言（広島の高橋昭博、長崎の下平作江、韓国の郭貴勲）などが行われた。

七月一六日には専門家証人の証言（歴史学の荒井信一、法学の前田朗）、検事団の最終弁論、アミカス・キュリエ意見、日本の戦争責任についての李実根証人（在日コリアン）の特別証言、判決言い渡しなどが行われた。

## Ⅱ　実行委員会共同代表による経過説明

田中利幸氏（広島市立大学広島平和研究所教授）の経過説明の一部を要約紹介する。

原爆投下を裁く国際民衆法廷・広島」実行委員会が立ち上げられたのは二〇〇四年一二月五日。当初は原爆投下六〇周年にあたる二〇〇五年の年末に開廷する予定だったが、準備不足のため半年遅れて今回の開廷となった。原爆投下そのものの犯罪性を真正面から問う裁判は、これまでに唯一、一九六三年に東京地裁で判決が言い渡された原爆裁判（下田裁判）があるのみである。(4)この裁判では原爆投下が国際法違反であることを裁判所が認めたが、被爆者の損害賠償請求権は認めなかった。一九五〇年代には米国の裁判所に提訴しようと努力した日本の弁護士もいた。最近では本法廷の検事団に加わっている韓国の崔凰泰弁護士も米国での提訴をめざしている。米国の法曹関係者は積極的でない。どの国家も正義を遂行する責任を果たそうとしないので、市民が、国家の利害関係から離れて公正に裁判を行う必要がある。

本法廷は、憲章や起訴状の内容から見ても、判事団や検事団の資格から見ても、法的正当性を持っている。三名の判事は国際法の権威者である。検事団は全員が職業弁護士である。被告にとって不公平な裁判とならないように、法廷の法的中立性と公平性が保たれるように監視し意見を述べる法廷助言者（アミカス・キュリエ）が出席するが、この人も職業弁護士である。本法廷の憲章は極東国際軍事裁判（東京裁判）の構成要件に沿って作成され、日本の戦争犯罪人を裁いた基準（通常の戦争犯罪、平和に対する罪、人道に対する罪）を米国の原爆投下に適用するものである。(5) 起訴状は原爆開発と投下に関して米国政府と米軍が作成した公文書を駆使して作成されている。民衆法廷は、現実の社会に対して具体的事実の認定とそれに対する法的評価を明らかにするものであり、教育や訓練のために行われる「模擬裁判（mock tribunal）」とはまったく異なる。個人攻撃ではなく和解によって平和は生まれるものであり、裁判のような過激な方法はとらないほうがよいという意見がある。しかし法廷は個人攻撃の目的で行われるものではない。和解は加害者が自己の罪を認め深く反省して被害者に謝罪し、それを被害者も受け入れることによって初めてもたらされる。日本政府はアジア諸国に対する国家犯罪を真摯に謝罪していない。小泉首相は靖国神社参拝によって、アジア諸国の被害者の心の痛みについての責任を無視している。米国政府は原爆投下の正当性を主張することによって、被爆者の心の痛みについての責任を無視している。原爆投下問題で米国との真の和解を得ることは、日本人がアジアの被害者と真の和解を得ることと分離できない。自己の他者に対する責任をうやむやにする人は、他者の自分に対する責任も明確にしない、他者の責任を問わない者は、自己の責任も明確にしない、という悪循環に陥る。米国との原爆問題をめぐる和解は日本人のアジアの人々との和解と表裏一体であり、民衆法廷はそうした真の和解をめざして行われる。

広島・長崎への原爆投下には「放射能」という他の兵器には見られない恐ろしい問題が含まれる。原爆投下から六〇年以上経った今も、被爆者は放射能後障害に苦しめられている。この一〇年間、毎年五〇〇〇人の被爆者が放射能後障害に悩まされながら亡くなっている。同時に、原爆投下には、市民に対する無差別爆撃と大量虐殺という現代戦争の共通の問題、とりわけ「空爆による無差別大量虐殺」が最も典型的な形で現れている。原爆投下の犯罪性の追及は、ベトナム、アフガニスタン、イラク、コソボなど、どのような戦争であろうとも、市民への無差別攻撃・殺戮は犯罪であるという声を世界に向けて発することになる。

なお、実行委員会のウェブサイト・アドレスは次の通りである。

http://www.k3.dion.ne.jp/~a-bomb/index.htm

## Ⅲ　検事団による起訴状

起訴状の要旨を紹介する。

**第一**　原爆投下は国際法違反である。

原爆投下による死者は一九四五年末までに広島で一四万人、長崎で七万人、人為的な行為としては、人類史上最大の犠牲を生み出した。このような明白な国際法違反の責任が問われていない。米国国民の多くは未だに原爆投下は正しかったと考えており、米国政府は原爆投下を謝罪していない。極東国際軍事裁判所で行われた日本の戦争犯罪人に対する有罪判決は、不十分であったが正しかったと考える。そのうえで、極東国際軍事裁判所条例の規範は連合国側の戦争犯罪行為にも適用されねばならないと考える。

**第二**　原爆投下による結果

原爆の被害は熱線、爆風、放射線が複合的に人間を襲ったもので、それぞれの単独の被害の総和より大きなものとなった。原爆被害の特質としては、瞬間奇襲性、無差別性、根絶性、持続拡大性が指摘されている。

**第三**　共同謀議

マンハッタン計画は、研究者による示唆から政策としての決定に至り、一九四二年に開始され、一九四五年七月に人類最初の原爆実験がアラモゴードで行われ、原爆投下へと進んだ。原爆の対日使用は一九四三年の軍事政策委員会で検討され、一九四四年のハイド・パーク合意が行われた。ローズヴェルトおよびトルーマン大統領のもとで投下目標都市の選定が行われた。

**第四**　実行行為

トルーマン大統領の承認のもと、陸軍参謀総長代理により投下命令が発せられた。一九四五年八月六日と九日に実行行為がなされた。ローズヴェルト大統領にはマンハッタン計画を中止しなかった不作為がある。

**第五**　犯罪構成事実

▼共同謀議者の公訴事実

ローズヴェルト、トルーマン、バーンズ、スティムソン、マーシャル、ハンディ、アーノルド、グローヴズ、オッペンハイマーの九名の被告それぞれについての説明

▼実行行為者の公訴事実

トルーマン、スティムソン、マーシャル、ハンディ、アーノルド、スパーツ、ルメイ、ティベッツ、パーソンズ、スウィーニー、アシュワーズの一一名の被告について説明

▼罰　条

通常の戦争犯罪　極東国際軍事裁判所条例五条ロ違反、ハーグ陸戦規則（一九〇七年）二三条a・二三条e・二五条違反、ジュネーブ毒ガス議定書（一九二五年）違反、空戦に関する規則案（一九二二年）二四条に体現された国際慣習法違反

## Ⅳ　証言、検事団最終弁論、アミカス・キュリエ意見

▼鎌田証言

鎌田七男氏(6)は広島大学名誉教授、元広島大学原爆放射能医学研究所長、財団法人広島原爆被爆者援護事業団理事長。原爆被害の医学的側面を多くの図表を用いて証言した。被爆者が癌年齢に入ったことが被爆の後障害と相まって、これからも癌は増加するであろう。重複癌（転移ではなく、複数の癌が原発性の癌として生じる）が今後増加するであろう。

▼高橋証言

高橋昭博氏は元広島原爆資料館長。被爆者を描いた画家の絵と写真をパワーポイントで示しながら証言した。当時一四歳、爆心地から一・四キロの校庭で被爆した。被爆地の惨状。一年半のあいだ、火傷の治療。四本の指が曲がったまま動かない。右手人差し指の異様な爪。二〇世紀の負の遺産の後始末を誤ってはならない。

▼下平証言

下平作江氏(7)は長崎の被爆者。被爆当時一〇歳。爆心地から八〇〇メートル。上の兄は戦死。医大の兄と姉、母は原爆で死亡。被爆地の惨状。被爆から一〇年後に妹が自殺。自分も何度か自殺を考えた。米国政府は、自らが大量の核兵器を保有しながら、他国の核兵器に反対している。

▼郭証言

郭貴勲氏は広島で被爆した韓国人。一九二四年に全羅北道で生まれ、皇国臣民化教育を受けた。徴兵制適用の第一期生として広島に徴兵された。被爆地の惨状。在韓被爆者として生きる。韓国原爆被害者援護協会の創立に関与。韓国の被爆者は日本政府と米国政府から補償を受けるのが当然であるが、まず日本政府に補償を要求した。一九七八年の孫振斗裁判最高裁判決で認められた在韓被爆者の権利。被爆者健康手帳の取得。日本人被爆者と同等の権利を求めて一九九八年に大阪地裁に日本政府と大阪府を提訴。二〇〇一年大阪地裁、二〇〇二年大阪高裁で勝訴。日本政府は二〇〇三年三月からいったん日本に来た国外被爆者には日本にいる被爆者と同等の援護を決める。米国による原爆投下は国際法違反。

▼荒井証言

荒井信一氏（茨城大学名誉教授、日本の戦争責任資料センター共同代表）は一九二六年生まれの歴史学者。原爆投下までの意思決定過程の研究(8)でもよく知られる。これまでの研究成果に基づき、原爆の開発と使用についての共同謀議、実行行為について証言した。

▼前田証言

極東国際軍事裁判（東京裁判）開廷の時点で存在した既存の国際法として、ハーグ陸戦規則（一九〇七年）、ジュネーブ毒ガス議定書（一九二五年）、空戦に関する規則案（一九二三年）があり、これら戦争法の原則として軍事目標主義（非戦闘員を標的としないこと）、不必要な苦痛を与える兵器の禁止がある。これらが東京裁判でいう通常の戦争犯罪の前提である。原爆投下は東京裁判に規定する「通常の戦争犯罪」と「人道に対する罪」に関して有罪である。原爆投下の違法性を考察する際に、原爆裁判東京地裁判決（一九六三年）、国連ジェノサイド条約（一九四八年）、国際司法裁判所の勧告的意見（一九九六年）なども参考になる。

▼検事団の最終弁論

検事団として特に強調したいのは、人類史上初めて実戦で使用される原爆が設計通り爆発するか、威力と影響力の実験を兼ねていたことである。広島にウラン原爆、長崎にプルトニウム原爆を投下したことも実験の意味を持っている。(9)

▼アミカス・キュリエ意見

この民衆法廷を契機として、公的機関での責任追及や核兵器廃絶の方策を探索すべきではないのかと問題提起したい。核兵器を廃絶するためには、原爆被害の悲惨さを伝えることは当然のこととして、原爆投下を正当化する議論と正面から立ち向かうことが必要ではないかと問題提起したい。

▼李証言

一八九四年から一九四五年までに日本は大きな戦争だけで五つの戦争を起こしている。日清戦争、日露戦争、満州事変、日中戦争、アジア太平洋戦争である。これら五つは日本が外敵から侵略を受けて始めたものは一つもなく、すべて海外へ出て他国の領土で行ったものであり、その方法は奇襲攻撃と謀略によるものである。戦争を起こすのは常に一握りの軍上層部であり、あるいはブッシュのような独裁主義的好戦主義者である。

## V　判決と勧告

判決言い渡しでは、ハインズ判事団長が事実認定を行い、起訴状の内容をおおむね認めた。ヴァルガス判事が法的結論を述べた。共同謀議者として起訴された被告九人、すなわち、ローズヴェルト、トルーマン、バーンズ、スティムソン、マーシャル、ハンディ、アーノルド、グローヴズ、オッペンハイマーは、極東国際軍事裁判所条例に規定された「通常の戦争犯罪」および「人道に対する罪」で有罪。実行行為者として起訴された被告一一人、すなわち、トルーマン、スティムソン、マーシャル、ハンディ、アーノルド、スパーツ、ルメイ、ティベッツ、パーソンズ、スウィーニー、アシュワーズは、同じく「通常の戦争犯罪」および「人道に対する罪」で有罪(10)。判決の全文は年内にまとめ、米国政府、国連、国際司法裁判所などに送付する予定である。判事団は判決に基づいて米国政府に次の勧告をした。


一．核兵器の投下は国際法上違法であるとの宣言文書を国立博物館に永久に保存し公開する。

二．広島、長崎のすべての被爆者とその親族に公式に謝罪し補償する。

三．核兵器を二度と使用しないことを約束する。

四．地上から核兵器を廃絶するためのあらゆる努力をする。

五．被爆者慰霊碑を建立し、原爆投下は国際法に違反することを国民に教育する。

（1）公的な法廷といえども、強制力を持つとは限らない。たとえば国際司法裁判所（ＩＣＪ）で、米国は国家テロ問題でニカラグアに敗訴し（一九八六年）、イスラエルは分離壁問題でパレスチナに敗訴したが（二〇〇四年）、それら判決の「強制力」は乏しかった。

（2）民衆法廷については、前田朗『民衆法廷の思想』（現代人文社、二〇〇三年）、前田朗『民衆法廷入門：平和を求める民衆の法創造』（耕文社、二〇〇七年）などを参照。

（3）家正治教授の著書には、『講義国際法入門　新版』（共著、嵯峨野書院、二〇〇六年）、『講義国際組織入門』（不磨書房、二〇〇三年）、『在日朝鮮人の人権と国際環境』（神戸市外国語大学外国学研究所、二〇〇〇年）などがあり、訳書にエンクルマ『新植民地主義』（共訳、理論社、一九七一年）がある。アマゾンで検索すると、ハインズ教授の著書には、*Illusions of Justice: Human Rights Violations in the United States*, Lennox S. Hinds, University of Iowa Working in Welfare, 1979（在庫切れ）がある。表題を直訳すれば『正義の幻想：米国における人権侵害』となろう。ヴァルガス教授（Carlos Vargas）の著書は検索したがわからなかった。

（4）下田裁判については、椎名麻紗枝『原爆裁判』（大月書店、一九八五年）などを参照。

（5）東京裁判については、粟屋憲太郎『東京裁判論』（大月書店、一九八九年）などを参照。

（6）鎌田博士は、「ＮＨＫクローズアップ現代　残留放射線の脅威　第三の被爆」（二〇〇六年八月三日放映）にも出演している。近著に『白血病診断図譜詳解　放射線関連白血病を含む』（長崎・ヒバクシャ医療国際協力会、二〇〇四年）、『広島のおばあちゃん』（シフトプロジェクト、二〇〇五年）がある。なお、鎌田証言を聞いていて、重複癌が目立ち始める時期が、もしかすると広島・長崎の被爆者よりもイラクの劣化ウラン被曝者のほうが早いのかもしれないと気になった。

（7）下平さんの証言は、立花隆編『二十歳のころ　一』（新潮文庫、二〇〇二年）にも収録されている。

（8）荒井信一『原爆投下への道』（東京大学出版会、一九八五年）を参照。

（9）実験的側面については、木村朗『危機の時代の平和学』（法律文化社、二〇〇六年）、河井智康著『原爆開発における人体実験の実相　米政府調査報告書を読む』（新日本出版社、二〇〇三年）なども参照。

（10）保守系の歴史学者である秦郁彦氏（広島出身）も、最近、原爆投下は「人道に対する罪」にあたる戦争犯罪であると指摘している。『文藝春秋』二〇〇六年九月号、三〇九頁。

〔付記〕二〇〇七年七月一六日に「原爆投下を裁く国際民衆法廷・広島　判決公判」が開廷され、判決全文が言い渡された。

# 第6章 環境と平和をめぐる論考

## I　原爆と平和教育

長崎出身の学生に聞くと、小学校、中学校、高等学校の平和学習はマンネリ化していて、同じような話を何度も聞いたという。それでいて、「広島はウラン原爆、長崎はプルトニウム原爆」ということは大学生になって初めて聞いたという。被爆体験の継承は被爆地の平和学習の出発点であることは間違いないが、あとどのように展開すればいいのだろうか。「広島はウラン原爆、長崎はプルトニウム原爆」などは本質的に重要な論点と思えるのだが、考えること、行動することに結びつく平和学習、しかし大量の資料で消化不良にならないですむ平和学習はどのように組み立てればいいのだろうか。私は長崎に来て一二年になるが、その間の見聞をふまえた私見を述べてみたい。被爆体験を出発点として、たとえば少なくとも次のような論点は伝えるべきだと思う。

### (1) ドイツ降伏以前に対日使用を密約

一九四五年五月ドイツ降伏、七月原爆完成、八月広島・長崎原爆投下という経緯を見れば、ふつうは「ドイツが降伏したから日本に」と思うだろう。米国の原爆開発の動機がヒトラーの原爆保有への懸念であったという説明がふつうなされるはずだから、そう思うのは無理がない。

しかしよく知られるように、ローズヴェルト大統領とチャーチル首相のハイドパーク覚書（一九四四年九月）で対日投下の密約がなされていた（進藤 2002: 133; 斉藤 2004: 60）。対日使用の密約から直ちに人種主義（ドイツ人は欧州人、日本人はアジア人）が主因であるとの速断はできないが、人種主義が要因のひとつであったことは推察できる。すでに一九四三年五月の米英軍事政策委員会で、日本を投下目標とする意見が多数を占めていた（進藤 1999: 167）。日本はドイツほどの科学先進国ではないので、投下されてもすぐに原爆製造のノウハウを解明して報復してくることはないだろうというのが主な理由だった。なお、第二次世界大戦中に日系米国人の強制収容はあったが（米国政府は戦後に謝罪）、ドイツ系、イタリア系米国人の強制収容はなかった。

もしローズヴェルトが生きていたら、広島・長崎のような事態にはならず、「無人島を破壊して威力を示す」といった方策がとられた可能性もある（進藤 1999: 71）。リベラル（ローズヴェルト）と保守（チャーチル、トルーマン）の違いは小さくない。チャーチルにはクルド人、アラブ人への化学兵器使用の前科があることも想起すべきであろう。トルーマンの原爆投下命令はおそらく口頭であった（荒井 2008：162）。

また一九四五年三月にチャーチルはイーデン外相宛ての書簡で、原爆の秘密をソ連はもちろんのこと、フランスなどにも隠すようにと指示している（進藤 2002：134）。

次のような歴史の流れはおさえておいたほうがいいだろう。
▽一九三八～三九年　ドイツのハーン、シュトラスマン、マイトナーがウランの核分裂の発見（世界中の科学者が知る）
▽一九三九年　ドイツに先駆けて原爆を開発することを促すアインシュタインのローズヴェルト宛て書簡（八月）
▽一九四〇～四一年　米国のシーボーグらがプルトニウムの核分裂の発見（第二次世界大戦中なので国家機密となる）
▽一九四二年　原爆開発のマンハッタン計画始動（八月）、シカゴ大学の原子炉で核分裂連鎖反応実験に成功（一二月）
▽一九四四年　対日使用の米英密約
▽一九四五年　四月ローズヴェルト死去、五月ドイツ降伏、七月原爆完成（アラモゴード核実験）、八月原爆投下

**(2) 広島はウラン原爆、長崎はプルトニウム原爆**

マンハッタン計画ではウラン濃縮によってつくるウラン原爆と、原子炉からプルトニウムを取

り出してつくるプルトニウム原爆の開発が平行してすすめられ、前者が広島に、後者が長崎に投下され、戦後の世界の核開発ではプルトニウム原爆が主流になったことは、基礎知識としてあったほうがよいのではないか。広島、長崎の二回投下をした理由のひとつがタイプの異なる原爆の効果比較（建築物への効果、人体への効果など）であったことは否定できない。二つのタイプの原爆があるということを理解しておかないと、イスラエル、インド、パキスタン、北朝鮮、イランなどの核開発・核疑惑問題のニュースも理解できないのではないだろうか。原子炉がもともとプルトニウム抽出のために使われ、原子力潜水艦、原子力発電へと応用されたことは理解しておくべきではないだろうか。日本政府のプルトニウム大量利用路線（高速増殖炉［核兵器級プルトニウムを大量生産する］、軽水炉のプルサーマル運転、核燃料再処理工場の推進）が必要性、安全性、経済性のみならず、核拡散の観点からも問題になっていることも、「ウランとプルトニウム」に着目しないと理解しにくい（石田 2005；大庭 2005；伴 2006）。

長崎では玄海原発（佐賀県）の電気が消費されるので、ウランは日常生活とつながっている。もうひとつ日常生活とのつながりは煙草である。ウランは地球上に薄く広く分布している。ウラン鉱石にウランはわずか〇・一％しか含まれていないが、リン鉱石に〇・〇一％という比較的多量のウランが含まれることがある。リン酸肥料を大量消費する煙草にもウランが入る。ウランは微量なので問題にならないが、ウランの崩壊産物であるポロニウム二一〇が喫煙による肺癌、喉頭癌の原因の一部となっている（戸田 2003）。アルファ線を出す核種であるポロニウム二一〇は半減期が短いので、同じ質量で単純比較すると「プルトニウムよりも危険」ということになってしまう。核兵器や劣化ウラン兵器や原発に反対しているのに喫煙する人を見かけるが、論理的に整合しないであろう。

原爆投下の目的について、戦争終結促進説、ソ連抑止説、人体実験説などがある。戦争終結促進説が米国政府の公式見解であることは言うまでもない。大統領が対ソ協調派のローズヴェルトから対ソ強硬派のトルーマンに代わったこと、米ソ冷戦の予兆は戦争終結前からあったことなどから、ソ連抑止は重要な動機である。広島と長崎で異なるタイプの原爆の効果を比較したことは、人体実験が動機のひとつであったことを示唆する。日本教職員組合（以下、日教組）の平和学習指導書のようにソ連抑止が主な動機であったという説明（舟越ほか 2001：61）は納得できない。ソ連抑止と人体実験がともに重要な動機であったと見るべきであろう（木村 2005；木村 2006）。

### (3) 広島・長崎に先立ってアフリカのウラン鉱山などで大量被曝

アインシュタインは一九三九年八月のローズヴェルト宛て書簡（レオ・シラードが起草した）で「合衆国は貧弱なウラン鉱しかなく、必要量を得ることができそうにありません。カナダと旧チェコスロバキアには、いく分か良い鉱石があります。最も重要なウラン鉱は、ベルギー領コンゴです。」と述べている（斉藤 2004：110）。マンハッタン計画のウランは、主にベルギー領コンゴとカナダに由来する（エンゲルス 2008：27）。コンゴのウラン鉱山では一九四〇年代からベルギーの会社によってウラン採掘が行われ、コンゴ独立の一九六〇年に閉山となったが、一九九〇年代の内戦で監視の目がゆるみ、違法採掘が盛んになった（望月 2005）。カナダでは、先住民が多大な被曝をした。また、米国アリゾナ州のレッドロック鉱山でも一九四二年にウラン採掘が始まり、先住民ナバホの人々が多大な被曝を被った。閉山は一九六八年であった（舟越ほか 2001：154）。

ウラン鉱山は言うまでもなく原爆と原発の共通の出発点である（戸田 2003）。さらに、ウラン鉱山での被曝は原発や再処理工場よりずっと多い（小出 1995：154）。長崎平和推進協会が被爆の語り部に政治的発言の自粛を求め、政治的問題として、自衛隊イラク派遣、憲法改正、太平洋戦争での天皇の戦争責任、有事法制、原子力発電、靖国問題などがあげられ、話題になった（無署名 2006）。原爆と原発はウラン鉱山を介してつながっているのだから、片方にしかふれてはいけないというのは恣意的であろう。

### (4) 対ソ原爆外交

前述のように原爆投下の重要な目的のひとつであったことは、伝えるべきであろう。英国の物理学者ブラケットの「原爆投下は、第二次大戦の最後の軍事行動であったというよりは、むしろ目下進行しつつあるロシア（ソ連）との冷たい戦争の最初の軍事行動のひとつであった」という発言は有名である（舟越ほか 2001：61）。

### (5) 原爆の米英独占の意図

前述のように原爆の秘密を米英が独占（英米同盟）しようとしたことは、英国覇権の衰退と米国覇権の興隆を象徴するできごとであり、国際政治を理解するうえで重要であろう。

### (6) 戦後の米占領下の原爆報道規制

戦後の米占領下の原爆報道規制（いわゆるプレスコード）についてもやはり伝えておくべきであろう。米国政府は被爆の実相を知られたくなかったのである（ブラウ 1988）。

### (7) 東京裁判で核・生物・化学兵器が裁かれなかったこと

知られるように、第二次世界大戦では「大量破壊兵器」の代表であるＡＢＣ兵器（ＮＢＣ兵器）、すなわち核兵器・生物兵器・化学兵器がすべて使われた。核兵器を使ったのは米国であり、生物兵器・化学兵器を使ったのは日本である。東京裁判（極東国際軍事裁判）は確かに「勝者の裁き」という一面を持ち、戦勝国である米国の戦争犯罪は裁かれなかった。生物兵器が裁かれなかったのは石井四郎元軍医中将（元七三一部隊指揮官）が米国政府と取引したためである。化学兵器がいったん起訴状に記載されながらとりあげられなかった理由は不明であるが、国際世論が化学兵器のみならず原爆にも注目することを恐れた米国政府の意向などが推測されている（辰巳 1993: 125）。

東京裁判でＡＢＣ兵器が裁かれなかったことはその後に禍根を残した。核兵器が裁かれないのなら、劣化ウラン兵器が裁かれるはずがない。国際司法裁判所が核兵器の使用を一般的に違法と勧告したのは、戦後五〇年（一九九五年）の翌年のことであった。

枢軸国の戦争犯罪と連合国の戦争犯罪の連関にも目を向けるべきであろう。ドイツ軍のゲルニカ、日本軍の重慶などの無差別爆撃の延長に原爆投下があった（前田 1997）。

「原爆と平和教育」アンケート

2006年4月6日作成
戸田清（長崎大学環境科学部，電話095-819-2726，toda@nagasaki-u. ac. jp）

あなたは下記のことをいつ頃お知りになりましたか？　あてはまるものを○で囲んでください。

あなたの性別（女，男）
あなたの年齢（10代，20代，30代，40代，50代，60代，70代，80代）
出身市町村　（　　　　　　）都道府県，（　　　　　　）市町村

①ドイツの降伏以前に原爆対日使用の米英密約があった。
（小学生，中学生，高校生，大学生，社会人，今回初めて）のとき知った。
②広島にはウラン原爆，長崎にはプルトニウム原爆が投下された。
（小学生，中学生，高校生，大学生，社会人，今回初めて）のとき知った。
③広島・長崎以前にウラン鉱山で大量被曝があった。
（小学生，中学生，高校生，大学生，社会人，今回初めて）のとき知った。
④原爆投下の動機には，ソ連への威嚇も含まれていた。
（小学生，中学生，高校生，大学生，社会人，今回初めて）のとき知った。
⑤米英は原爆の秘密を独占しようとしていた。
（小学生，中学生，高校生，大学生，社会人，今回初めて）のとき知った。
⑥米国政府は日本を占領していたとき原爆報道を規制していた。
（小学生，中学生，高校生，大学生，社会人，今回初めて）のとき知った。
⑦東京裁判（極東国際軍事裁判）で，核兵器，生物兵器，化学兵器はどれも裁かれなかった。
（小学生，中学生，高校生，大学生，社会人，今回初めて）のとき知った。

ご協力ありがとうございました。

少なくとも以上の七点は平和学習で伝えてほしいと思う。社会人、大学生はもちろん高校生でも、以上七点のすべてを平易な形で伝えることはできるだろう。小学生、中学生にどこまで伝えていくかは今後の検討課題である。ちなみに日教組の指導書（舟越ほか 2001）では、(3)(4)はある程度伝えているが、その他の項目への言及はなかった。

## Ⅱ　劣化ウラン弾の問題をどう学習するか

私は「理科教育の専門家」でも「自然科学者」でもない。大学での専攻は生物学、大学院での専攻は社会学である。現在の専門分野は環境社会学、平和学、科学史である。理系の講座ではなく文系の講座に所属している。

### 劣化ウランという言葉

多くの人は湾岸戦争（一九九一年）で劣化ウラン弾が使われたという報道で、「劣化ウラン（depleted uranium, 略称 DU）」という言葉を知った。しかし、これは新しい言葉ではない。岩波理化学辞典で「劣化ウラン」を引くと、第二版増補版（一九五八年）にはまだないが、第三版（一九七一年）以降に出てくる。

## 劣化ウランと原発

劣化ウランという言葉の登場は、原子力発電（原発）の歴史と符号する。天然ウランの使用は劣化ウランと関係ない。濃縮ウランをつくるときの副産物として劣化ウランが出る。日本の原発一号（東海村の日本原子力発電東海一号）は一九六六年で、天然ウランを燃料とした。日本の軽水炉原発一号（福井県の関西電力美浜一号）は一九七〇年で、濃縮ウランを燃料とする。東海一号は運転を終了し、現在五五基（二〇〇八年）ある原発はすべて軽水炉（濃縮ウラン使用）である。「ビキニ被災者が原発導入の人柱にされた（見舞金で我慢する、核実験に反対しない、代わりに原発技術供与）」ことも覚えておこう（大石又七『ビキニ事件の真実』みすず書房、二〇〇三年）。

「原発が一年間に放出する放射能を核燃料再処理工場は一日で出す」と言われるが、日本原燃（本社・青森県六ヶ所村）は六ヶ所再処理工場（手抜き工事多発で問題になった）で、米国から導入する劣化ウランを用いた設備試験（ウラン試験）は、たびたび延期の後、二〇〇四年一二月二一日に開始された。次は核廃棄物を用いた試験に入ったが、本格運転は繰り返し延期されている。このままでよいだろうか？

## ウラン濃縮と劣化ウラン

天然ウランに含まれる主なウランは、ウラン二三八（核分裂しにくい、半減期四五億年）とウラン二三五（核分裂しやすい、半減期七億年）がある。ウラン濃縮によって、濃縮ウラン（ウラン二三五の濃度が天然ウランより高い）と劣化ウラン（ウラン二三五の濃度が天然ウランより低い）ができる。

濃縮ウランが目的物、劣化ウランが廃棄物である。濃縮ウランには高濃縮ウラン、中濃縮ウラン、低濃縮ウランがある。高濃縮ウランはウラン原爆に、低濃縮ウランは核燃料（発電所、船舶）に用いる（戸田 2003参照）。「使用済み核燃料（減損ウラン）」（プルトニウム等が含まれる）もＤＵというので紛らわしい。核燃料再処理工場から出るものは「回収ウラン（recycled uranium）」という。

## 劣化ウラン兵器と核兵器

原爆と水爆を「核兵器」と呼ぶとすれば、劣化ウラン兵器は核兵器でない。それでは、劣化ウラン兵器は「通常兵器」であろうか。核兵器、化学兵器、生物兵器以外の兵器を通常兵器と呼ぶとすれば、通常兵器には大量破壊兵器（たとえば大型爆撃機）も含まれてしまう。広島・長崎の原爆だけでなく、ドレスデン大空襲や東京大空襲（一九四五年）では、「通常兵器」によって万単位の市民が殺された（こうした「軍隊による犯罪」だけでなく、関東大震災時の朝鮮人虐殺のような「官民一体の犯罪」にも留意しておきたい）。ＮＧＯはしばしば劣化ウラン兵器を「準核兵器」「放射能兵器」と呼ぶ。劣化ウラン兵器を「小型核兵器」と呼ぶ人もいるが、ブッシュ政権が開発していた小型核兵器と紛らわしい。とはいえ、劣化ウラン兵器は「核」の「兵器」ではある。物質の反応は、化学反応（原子核が変化しない）と核反応（原子核が変化する）に分けられる。初等中等教育の理科実験では、化学反応のみを扱う。核反応は、核分裂（軍事利用が原爆と軍艦原子炉、民事利用が原発と船舶原子炉）、核融合（軍事利用が水爆、民事利用の見通しはたたない）、核崩壊（放射性物質でみられる）に分けられる。劣化ウランは放射性物質である。

ロザリー・バーテルはICBUWの広島会議（二〇〇六年）で「一ミリグラムのウラン二三八」が一日に一〇〇万回以上アルファ崩壊することに加えて、自発核分裂（年に二回）の際にはアルファ崩壊のときの四〇倍の大きなエネルギーを出すと指摘した。ラドン、ラジウム、ポロニウムなどと異なり、劣化ウランは「核兵器の要素」も持っている。

## 劣化ウラン兵器はなぜ使われるか？

廃棄物であるからコストが安い。重いので貫通力が強い。命中精度が高く、飛距離も大きいという。弾道が放物線よりも直線に近いからである。貫通力の大きいタングステンはコストが高い。

## 劣化ウランの放射能は安全なのか？

劣化ウランの主成分はウラン二三八である。出す放射線はアルファ線であるから、破壊力が大きいが、半減期が長い（四五億年）ので放射線を出す頻度が小さい。だから安全なのであろうか。劣化ウラン弾に使われる劣化ウランは二〇〇～三〇〇グラムである。高校理科で学習するアボガドロ数で考えてみよう。ウラン二三八は二三八グラムあるとしよう。そのなかに含まれるウラン原子の数は $6\times10^{23}$ である。半減期のあいだに崩壊する原子の数は $3\times10^{23}$ である。四五億年で割ると、一年あたり $6.67\times10^{13}$ である。それを三六五日で割ると、一日あたり $1.83\times10^{11}$ である。他方、尿中に一リットルあたり一五マイクログラムの劣化ウランがあると危険という（藤田・山崎監修 2004）。米陸軍で劣化ウラン兵器の専門家であったダグラス・ロッキー博士（退役少佐）はその一〇〇倍汚染していた。二三八グラムと一五マイクログラムの比をとって計算すると、崩壊する原子の数は一日あたり$1.15\times10^4$つまり約一万である。体内に入った酸化ウラン粉末によって一回の被曝をしても、癌抑制遺伝子が一つ破壊されるかもしれない。単純計算で一日に一万回の被曝が安全とは言い難い。アルファ線のほかに自発核分裂もある。

ウランもプルトニウムも重金属毒性（腎障害など）と放射能毒性をあわせもっており、原爆被爆者と劣化ウラン被曝者の健康影響の違い（御庄・石川 2004参照）は、重金属の量の多さとも関係があろう。

## 酸化ウラン粉末の危険性

使用前の劣化ウラン弾は手袋をして慎重に扱えば危険性は大きいとはいえない。アルファ線は、破壊力は大きいが透過力は小さいからである。しかし標的に命中して燃焼し、酸化ウランの粉末になって体内に入ると危険性は大きい。また大気中や地下水によって遠く運ばれるかもしれない。

## 繰り返し使用

湾岸戦争（一九九一年）、ボスニア（一九九五年）、コソボ（一九九九年）、アフガニスタン（二〇〇一年）、イラク（二〇〇三年）、ガザ（二〇〇八年）で劣化ウラン兵器が使われた。湾岸戦争では三〇〇トン、アフガニスタン戦争、イラク戦争ではそれ以上と言われる。

## 白血病などとの関係

イラクにおける小児白血病などの急増は、劣化ウラン汚染との関係が疑われている（本多 2002；劣化ウラン禁止ヒロシマ・プロジェクト 2003；戸田 2003；御庄・石川 2004などを参照）。劣化ウラン被曝者の症状は入市被爆者の症状に似ていると言われる。どちらも内部被曝の影響が問題となる。

## 国際社会

国連人権小委員会は、一九九六年と一九九七年の決議で、「核兵器、化学兵器、燃料気化爆弾、ナパーム弾、クラスター爆弾、生物兵器、劣化ウラン兵器」を代表的な「大量破壊兵器」と呼んで廃絶を求めている。二〇〇一年には欧州議会が劣化ウラン兵器の禁止を求める決議を採択している（嘉指 2004参照）。

## 民事利用

劣化ウランの民事利用もある。航空機のカウンターウェイトがよく知られている。日航機事故（一九八五年）やガルーダ航空事故（一九九六年）でも汚染が懸念された。高速増殖炉のブランケット燃料にも使われる（劣化ウランから超兵器級プルトニウムへ）。高速増殖炉とは、原子炉級プルトニウム（炉心燃料）を消費して超兵器級プルトニウムを生産する装置であり、藤田祐幸はこれを「マネー・ロンダリング」をもじって「プルトニウム・ロンダリング」と呼んだ。二〇〇九年現在、政府は高速増殖炉もんじゅ（一九九五年のナトリウム漏れ事故以来止まっている）の運転再開をめざしている。青森県六ヶ所村の核燃料再処理工場では、二〇〇五年に劣化ウランを用いて「ウラン試験」を実施した。二〇〇九年現在本格操業をめざしているが、ガラス固化などが難航している。

**劣化ウランと煙草**

ウランという元素は身近にも多い。リン鉱石には比較的多くのウランが含まれる。ウラン鉱石の一〇分の一の濃度という大量のウランを含むこともある。煙草という作物はリン酸肥料を大量消費する。煙草の煙には、ウラン二三八の崩壊産物であるポロニウム二一〇（半減期一三八日）が含まれる。ポロニウム二一〇によるアルファ線被曝は、喫煙による肺癌、喉頭癌の原因の一部をなしている。核兵器、劣化ウラン、原発に反対する人は率先して禁煙しなければならない。

## Ⅲ　ベトナム枯葉作戦

1. ベトナム枯葉作戦は農薬の軍事利用であり、一九六一～七一年に行われた。ベトナム軍の行動を妨害し、食糧生産を破壊することが目的であった。大統領でみると、ケネディ、ジョンソン、ニクソンの三代にわたる。米軍の撤退は一九七三年。ベトナム戦争終結は一九七五年。
2. 主要な枯葉剤である「エージェント・オレンジ」の主要成分は2, 4, 5-Tと2, 4-Dでいずれも有機塩素系除草剤（芳香族）で、不純物ダイオキシン類は特に2, 4, 5-Tに多く含まれていた。

先天奇形、皮膚疾患、癌、免疫疾患など「病気のデパート」。

3．奇形、皮膚疾患などの被害はベトナムでは一九九〇年代生まれの第三世代にも及んでいる。米帰還兵でも少なくとも第二世代に及んでいる。劣化ウラン弾と比較されたい。

4．第二次世界大戦末期に米軍は「日本枯葉作戦」を計画していたが、一九四五年八月に日本が降伏したので実現しなかった（綿貫 1988；NCC 2005）。2,4,5-T はもともと軍事利用を計画され、戦争終結のため農業・林業利用され、ベトナム戦争で軍事利用された。軍事利用と産業利用の錯綜については原子力と比較されたい。

5．枯葉剤の納入業者の主力はダウケミカル（世界最大手の化学企業）、モンサントを中心とする米国九社で、三井化学も一部関与していたと思われる（原口 2004a）。枯葉作戦の被害者となる予定だった日本は加害者の一部になった。林野庁の国有林「枯葉作戦」（原口 2004b）、三井東圧化学の下請け労働者人体実験、久留米の三西化学農薬工場の環境汚染も問題になった（原口 2004c）。また、日本の戦後復興、高度経済成長は、朝鮮特需、ベトナム特需に大きく負っている。日米安保条約が背景にある。ダウケミカルはナパーム弾と枯葉剤で平和団体の抗議を受ける。ロッキーフラッツ核施設プルトニウム汚染で反核団体の抗議を受ける。ボパール事件（一九八四年）のユニオンカーバイドを買収した後の対応で環境団体・人権団体の抗議を受ける（Doyle 2004）。米国政府が日本におしつけた食品添加物ＯＰＰのメーカーとしても知られる。国連でダウケミカルの関係者がＯＰＰの安全性データを改ざんした疑いがある（戸田 1994：56）。ブッシュ政権一期目にもダウケミカル関係者が参画した（戸田 2003：103）。モンサントは遺伝子組み換え作物の世界最大手で、枯葉剤のほかにＰＣＢでも知られる（The Ecologist 1998＝1999）。

6．2, 4, 5-T は日本での農薬登録は一九六四年、失効は一九七五年で、水田や森林などの除草剤、植物成長調整剤（果樹の落果防止など）に用いられた（植村ほか 2002 : 132）。林野庁による不法投棄が問題となった。2, 4-D は日本での農薬登録は一九五〇年、失効は一九九二年で、同じく除草剤、植物成長調整剤に用いられた（植村ほか 2002 : 77, 305）。

7．米国で 2, 4, 5-T の製造停止は一九八七年である（Doyle 2004 : 72）。2, 4-D は続いているようだ。癌の多発などとの関係が疑われている。

8．米国政府、韓国政府は被曝した帰還兵の一部に対して補償を行っている。

9．枯葉剤が最大のダイオキシン被害であるとすれば、第二はカネミ油症（一九六八年）であろうか。ほかにイタリアのセベソ事件（一九七六年）、米国のラブキャナル事件（一九七八年）、大阪能勢の焼却炉などがある（川名 2005 参照）。

10．レーチェル・カーソンの『沈黙の春』でも 2, 4-D の遺伝毒性などについて警告している（Carson 1962＝1974 : 240）。

11．米国の枯葉剤被害者対応の二重基準。米国政府は米軍退役軍人の枯葉剤被害者には補償しているが、それでも補償漏れで苦情が殺到している。他方、ベトナム人被害者が補償を求めて米国の法廷に提訴すると、門前払いされた。大統領の戦争権限に影響するからだという（ＮＣＣ 2005。旧敵国からいちいち提訴されてはたまらない）。もちろん汚染のなかで日常生活してきたベトナム人のほうが被害は大きい。

## Ⅳ　霊長類と暴力

戦争や殺人や強姦は人間の「本能」に根ざしているのだろうか？　昆虫学者エドワード・ウィルソンは、人間の生得的な攻撃性を示唆して、「戦争という最も高度に組織された形態をとる攻撃技術は、単に攻撃行動の一例にすぎないとはいえ、歴史の全過程を通じて、狩猟採集民のバンドから産業国家に至るありとあらゆる社会に付きまとってきた」と述べている（ウィルソン 1980）。考古学者佐原真（故人）は、採集狩猟社会の戦争は例外的であり、戦争は農耕社会に起源があるとみておおむね間違いない、日本の戦争は弥生時代に始まったと思われる、と述べている（田中・佐原 2001 も参照）。

人類の祖先が、チンパンジーとボノボ（旧称ピグミーチンパンジー）の共通祖先と分岐したのは、約七〇〇万年前である。農耕は一万年ほど前に始まったので、佐原のとらえ方では、人類史の九九％は「戦争のない時代」であった。

人間の暴力の生物的基盤と社会的基盤を考える際に、現存の近縁の動物との比較は有益であろう。比較の対象となるのは、ヒト上科（類人猿）である。最近の分類学では、ヒト上科は、テナガザル科、オランウータン科、ヒト科（ゴリラ、チンパンジー、ボノボ、ヒト）に分けられる。なお、霊長目［サル目］は、まず原猿類と真猿類に分けられ、真猿類はオマキザル上科（ゴールデンライオンタマリンなどの新世界ザル）、オナガザル上科（ニホンザルなどの旧世界ザル）、ヒト上科に分けられる（古市 1999）。ヒト科という名称からも示唆されることだが、類人猿は「雄雌」「一頭、一匹」ではなく、「男女」「一人」とするのが適切であろう（松沢 2002）。

テナガザルは人類の祖先との分岐年代が古いので（約二〇〇〇万年前）、それ以外の類人猿とヒトで比較してみよう。自然人類学者ランガムは、戦争（成人男性集団同士の殺し合い）、殺人、強姦、子殺しを指標に比較している。四つともするのはヒトである。チンパンジーでは戦争、殺人、子殺しがみられる。ゴリラでは子殺しがあり、オランウータンでは強姦が観察されている。四つともしないのはボノボである（ランガム&ピーターソン 1998）。遺伝的に最も近縁な（分岐年代が最も新しい）チンパンジーとボノボが暴力と非暴力の両極端に分かれていることは、暴力が自然（遺伝）よりもむしろ文化（行動の伝統）に根ざしていることを示唆するであろう（戸田 2003）。

霊長類学者フランス・ドゥ・ヴァールの言葉を引用しよう。

ボノボの知名度が低い背景には、もっと重大な理由がある。それは、人間に対する根強い先入観からボノボがはみだしていることだ。もしボノボが仲間どうしで殺し合う類人猿だったら、すぐにその存在は認知されただろう。最大の障壁は、彼らの平和主義なのである。私はときどき想像してみる。もしボノボのほうが先に知られていて、チンパンジーがそのあとに発見されたなら、あるいはチンパンジーがまったく知られないままだったら。人類の進化をめぐる議論は、暴力や戦争、男性支配を軸に展開するのではなく、性衝動や共感、思いやり、協力が中心だったのではないか。その結果私たちの知的世界は、まるで別の風景になっていたにちがいない。

（ドゥ・ヴァール 2005）。

ヒト、チンパンジー、ゴリラ、オランウータンは男尊女卑的であり、ボノボはジェンダー平等的である。紛争の和解などに性行動（男女、男同士、女同士）を多用するボノボは、「好色な類人猿」とも呼ばれる。「ボノボはまた、少なくとも西洋の基準からすると、目を瞠るほど乱交的である。」（ブラム 2000）。ボノボの写真集には、心を洗われる美しい写真がたくさん掲載されている（ドゥ・ヴァール&ランティング 2000）。ジェンダー平等のボノボで暴力が少ないことは、カナダのヘアー・インディアンで強姦がなく男女の平等度が高いことを想起させる（原 1989）。

表6-1　霊長類と暴力

| | 殺　人 | 子殺し | 強　姦 |
|---|---|---|---|
| ヒ　ト | ○ | ○ | ○ |
| ボノボ | | | |
| チンパンジー | ○ | ○ | |
| ゴリラ | | ○ | |
| オランウータン | | | ○ |

最近の某大統領や某首相に象徴されるような人類の傲慢さは、目に余る。私たちは、「進化の隣人」であるボノボの非暴力と協力の精神に、大いに学ぶべきであろう。

## V 煙草問題

煙草問題は、一番身近な環境問題のひとつである。

健康増進法（二〇〇二年制定、二〇〇三年施行）では、飲食店など公共の場所の管理者に受動喫煙の防止義務を課している。その条文は次の通りである。

第二五条 学校、体育館、病院、劇場、観覧場、集会場、展示場、百貨店、事務所、官公庁施設、飲食店その他の多数の者が利用する施設を管理する者は、これらを利用する者について、受動喫煙（室内又はこれに準ずる環境において、他人のたばこの煙を吸わされることをいう。）を防止するために必要な措置を講ずるように努めなければならない。

身近なところで全面禁煙は牛丼の吉野家などがあるか。マクドナルド、スターバックスなどは分煙、リンガーハットは禁煙の店舗と分煙の店舗がある。

国際的にはＷＨＯの煙草規制枠組み条約（ＦＣＴＣ、二〇〇三年採択、日本は二〇〇四年に批准、二〇〇五年発効）が広告の規制、警告表示の規制、自動販売機の規制などについて定めている。

ところがたばこ事業法（一九八四年制定）の第一条（目的）は「この法律は、たばこ専売制度の廃止に伴い、製造たばこに係る租税が財政収入において占める地位等にかんがみ、製造たばこの原料用としての国内産の葉たばこの生産及び買入れ並びに製造たばこの製造及び販売の事業等に関し所要の調整を行うことにより、我が国たばこ産業の健全な発展を図り、もつて財政収入の安定的確保及び国民経済の健全な発展に資することを目的とする」となっている。「たばこ産業の健全な発展」が国策であるとは実に恥ずかしい。

煙草には約六〇種類の発癌物質、約二〇〇種類の有害物質が含まれている。煙草が原因で死亡する日本人の数は一年間で一一万四〇〇〇人と推計されており、これは毎日ジャンボジェット機が一機ずつ落ちているのと同じになる（新しい推計は年二〇万人）。夫が一日二〇本以上の喫煙者の場合、妻が肺癌になる可能性は約二倍になるとの調査もあり、受動喫煙が原因とされる死亡者は、年間一万九〇〇〇人から三万二〇〇〇人と推計されている（中田ゆり、日本対がん協会シンポジウムでの講演、朝日新聞二〇〇五年一一月二〇日）。煙草病（喫煙関連疾患）については、禁煙ジャーナル編『たばこ産業を裁く』（実践社、二〇〇〇年）、渡辺文学『「たばこ病」読本』（緑風出版、二〇〇〇年）、加濃正人編『タバコ病辞典』（実践社、二〇〇四年）などが参考になるだろう。

世界では煙草で死ぬ人は年間約五〇〇万人とＷＨＯによって推計されている。飢餓関連の一〇〇〇万人、エイズの三〇〇万人、結核の二〇〇万人、マラリアの一〇〇万人、小型武器の五〇万人と比べてみると、煙草が「静かな戦争」を引き起こしており、煙草業界が「軍需産業と並ぶ死の商人」であることが実感できるだろう（ヒューワット 1993；ＡＳＨ編 2005参照）。世界の三大煙草会社はフィリップ・モリス、ブリティッシュ・アメリカン・タバコ、日本たばこ産業（ＪＴ）であるとのことだから、私たち日本人の責任も大きい（Draffan 2003 : 150）。

約六〇種類の発癌物質のうちのひとつはポロニウム二一〇であり、これはアルファ線を出す放射性物質（半減期は短くて、一三八日）である。長崎原爆のプルトニウム二三九（半減期二四〇〇〇年）と同じ質量あたりで単純比較すると、六万倍も危険だということになってしまう。ウランは地球上に広く薄く分布しており、ウラン鉱石にさえわずかしか含まれていない。しかしその他の鉱物にも比較的多く含まれており、リン鉱石はウラン鉱石に次いでウランを多く含むもののひとつである。煙草はリン酸肥料を多く消費する作物だ。それでウランが煙草に入ってしまう。半減期の長いウランがごく微量なら問題は少ないが、その崩壊産物であるポロニウムが問題となるのである。核兵器、劣化ウラン兵器、原発に反対しているのに喫煙する人をしばしば見かけるが、論理的に整合しないであろう。

一番面白いエピソードは第二次世界大戦中の政治指導者の生活習慣である。連合国のローズヴェルト、チャーチル、スターリンはすべて喫煙者であった。枢軸側のヒトラー、ムッソリーニ、フランコはすべて非喫煙者であった（プロクター 2003）。「昔のファシストよりさらに遅れている」ということになれば恥ずかしいであろう。

## Ⅵ 書評

### ▼『アース・デモクラシー　地球と生命の多様性に根ざした民主主義』

——ヴァンダナ・シヴァ著、山本規雄訳（明石書店、二〇〇七年）

「新自由主義と軍国主義の暴走に立ち向かうために」

本書はインドの科学者、思想家、市民運動の活動家として有名なヴァンダナ・シヴァの八冊目の邦訳であり、表紙の言葉にもあるように「シヴァ思想の集大成にして入門書」である。「アース・デモクラシー」と聞けば、日本人の著作としては坂本義和・大串和雄編『地球民主主義の条件　下からの民主化をめざして』（同文舘出版、一九九一年）や武者小路公秀ほか編『国連の再生と地球民主主義』（柏書房、一九九五年）が想起される。基本的な方向性はあまり変わらないと思うが、エコロジーの視点と第三世界の視点からそれらを充実させたものとみてもよいであろう。シヴァのいうデモクラシーは人間の世界に限定されたものではなく、アニマルライツや自然の権利も包含する（人類のオーバープレゼンスとりわけ過剰消費をおさえようとする）ものであるが、欧米のディープエコロジー（人間と自然の関係に心を奪われて、人類内部の矛盾が往々にして軽視される）と違うのは、「グローバル資本主義」を「構造的暴力」としてとらえる視点が明確で具体的なことであろう。

ある一つの事業計画では、ベクテル社、ゼネラル・エレクトリック社、エンロン社は事業を完成させることができなかったにもかかわらず、価格が高すぎて売れなかったエネルギーに対する支払いとして、一二億ドルを要求しています。しかもその上、これらの企業はエネルギーを供給することができようができなかろうが、二〇年間は支払いを保証されています。

どんな私有化・民営化の契約でも、こうした保証事項がつきものです。それを企業は自由市場と呼んでいるのです。（八七頁）

「ブッシュの米国」や「小泉・安倍の日本」に象徴される新自由主義と軍国主義の暴走に立ち向かうために、本書は必読文献と言えよう。

生命中心の経済は、非暴力の経済であり、共感の経済です。市場経済が暴力と貪欲に基づいているのとは大違いです。（一五四頁）

企業グローバリゼーションは、農民に対する戦争を、女性に対する戦争を、他の生物種に対する戦争を、そして他の文化に対する戦争を解き放ちました。（一九九頁）

市場原理主義がもたらす格差社会が、宗教的原理主義やテロリズムの土壌にもなることが指摘される。

自滅的な市場経済は、持続可能性のない不公平な成長をもたらす一方で、生態環境の危機と経済の危機を招き、自然の経済と民衆の生命の持続のための経済を破壊します。（一一九頁）

グローバリゼーションが企業の推進する企業支配のための路線だとすれば、ローカリゼー

ションはそれに対抗して、環境や生命の存続、生業を保護するための民衆の路線なのです。（一六一頁）

シヴァが言うのはもちろん、ローカルにとじこもれということではない。企業主導の経済グローバル化、「帝国」による戦争のグローバル化は、むしろ人権のグローバル化（世界人権宣言や国際人権規約の実現）に背を向けている。このことは、上村英明も指摘していたと思う。シヴァはトルストイやガンジーの非暴力の思想を受け継いでおり、ハーディンと対比させてクロポトキンを引用している部分からは、アナーキズムとの親和性も感じ取れる。

本書のなかで最も迫力のある文章は「WTOは農民を殺す」という節（一五頁もある）であろうか。

（農民の）自殺の割合が最も高いのは、アーンドラ・プラデーシュ州とパンジャーブ州です。どちらの州も、換金作物への依存度が最も高く、モンサント社製の種子が最も浸透していて、つまりは農業の工業化の度が最も高いのです。（二二六頁）

WTO体制のもとで先進国の農産物輸出補助金は実質的に増額され、第三世界へのダンピング輸出が小規模農民を追い詰めていく。二〇〇四年だけで一万六〇〇〇人のインドの農民が自殺しており、「WTOの政策は、小規模農民に対するジェノサイドなのです」（二二二頁）。シヴァは長年にわたって緑の革命や遺伝子組み換え作物に対する批判的検証を続けてきたが、増える人口を養うためには農業の工業化（農薬、化学肥料、品種の画一化など）が必要だという神話への反論も説得的である。資源生産性やエネルギー生産性から見て非効率なのは工業的農業のほうである。資源生産性が六六分の一に低下するという試算もあり（一九一頁）、むしろ飢餓をもたらすのだ。農薬を多用すると害虫の被害はむしろ増大する（一八七頁）。

「女子堕胎——絶滅しつつある女性」という節も衝撃的である。出生前診断による女子胎児中絶（先進国の障害胎児中絶問題を想起されたい）は最も根本的な女性差別のひとつで、拙著『環境的公正を求めて』（新曜社、一九九四年）でもふれているが、いまも進行中の問題である。一九九一年から二〇〇一年までに生まれることを阻止された（選択的に堕胎された）女子は世界で六〇〇〇万人、その半分以上をインドが占めているという（二三九頁）。

世界銀行の新しい総裁に指名された人物が、イラク戦争とアメリカ新世紀プロジェクトの立役者ポール・ウォルフォウィッツだったことで、経済の戦争と帝国主義の戦争が共通の日程で進行していることが、いっそう明らかになりました。（三二六頁）

もちろんその通りなのだが、彼が〇七年四月に浮上したスキャンダルで六月に辞任、後任にロバート・ゼーリックが就任したこと（たぶんゼーリックの選出は本書の校正段階で間に合わなかったと思うが）は訳注として付記すべきだったと思う。

改憲論争の時代なので最後にふれておくが、シヴァの思想は生存権（日本国憲法一三条と二五条）および平和的生存権（同前文と九条）の理念をグローバルでエコロジー的な視点から充実させたものであり、二一世紀の世界における平和憲法の普遍的意義を再確認している。本書はデモクラシーの再定義に向けた希望の書である。

### ▼『アメリカの政治と科学　ゆがめられる「真実」』〔読み方注意〕

――マイケル・ガフ編著、菅原努監訳（昭和堂、二〇〇七年）

〈財界・共和党がゆがめる科学的真実〉

一般論として、科学的真実が政治によってゆがめられることは、その通りである。旧ソ連の生物学のルイセンコ事件もそうだし、日本で言えば水俣病の病因物質が有機水銀と判明してからの政府、財界、学者の「追認引き延ばし工作」（一九五九～六八年）もそうだろう。米国でも同様な事例が少なくないと思われる。ただ本書は、その内容があまりにも財界寄り、共和党寄りである。原著の発行は二〇〇三年。発行元は共和党系のシンクタンクとして知られるフーバー研究所の出版局。執筆者には、ネオコンの『ウィークリー・スタンダード』誌の寄稿者もいる。「原子力」の章の執筆者は『私はなぜ原子力を選択するのか　二一世紀への最良の選択』（近藤駿介監訳、ERC出版、一九九四年）の著者バーナード・コーエンである（近藤は原子力委員会の委員長）。

この本からは、次のような主張が読み取れると思う。

「ブッシュの京都議定書離脱は正しい。地球温暖化はあまり心配する必要はない。／ブッシュは原発建設を早く再開すべきだ。原発の危険性は誇張されている。反原発運動は非科学的だ。／レイチェル・カーソンの『沈黙の春』は有機塩素系農薬の危険性を過大視していた。ベトナム枯葉作戦の健康影響も誇張されている。／環境政策における予防原則の適用（不確実な状況で潜在的危険性を重視すること）は最小限にすべきだ。／アル・ゴア前副大統領やラルフ・ネーダーは大衆の敵だ。／悪名高いエンロン社は環境団体のお気に入りだった（驚くべき珍説）」。しかし、「合成化学物質に注意を集中しすぎたために、ビタミンやミネラルの欠乏を招いている」「ＤＤＴの規制をあせりすぎたために第三世界でマラリアが再び流行して、多くの人命が失われた」などの論点は真剣に検討・批判すべきであろう。

翻訳陣は原著以上に露骨に原発推進を意図しており、訳者九人のうち七人が放射線専門家である（医学、生物学、工学）。「気候」と訳すべきところを「気象」とするなど、不適切な訳語も多すぎる。

### ▼『ウラン兵器なき世界をめざして　ＩＣＢＵＷの挑戦』

――ＮＯ　ＤＵヒロシマ・プロジェクト／ＩＣＢＵＷ編、嘉指信雄・振津かつみ・森瀧春子責任編集（ＮＯ　ＤＵヒロシマ・プロジェクト発行、合同出版発売、二〇〇八年）

劣化ウラン（ＤＵ）の「劣化（depleted）」という形容は危険が少ないかのような誤解を与えるが、劣化ウランという言葉はすでに定着している。本書では、「ウラン」と「劣化ウラン」を併用している。日本の商業原発第一号は、英国式の東海一号（一九六六年臨界、九八年廃炉作業開始）

で、天然ウラン燃料なので劣化ウランとは無縁であったが、その代わりに使用済み核燃料が英国に送られ、抽出された兵器級プルトニウムは英国の核兵器に転用されたと思われる。米国式の軽水炉は一九七〇年に始まり、現在の五五基の原発はすべてそれであるが、低濃縮ウラン燃料で、ウラン濃縮の大半は米国に依存しているので、発生した劣化ウランは米国で兵器に転用されるだろう。日本政府は高速増殖炉もんじゅ（兵器級プルトニウムが生産される）の運転を、事故以来一四年ぶりに再開しようとしている。つまり原子力基本法の「平和利用」は最初からずっと空洞化していたのだ。なお、『岩波理化学辞典』で「劣化ウラン」「減損ウラン」は一九五八年版にはなく、一九七一年版から登場する。

原爆と水爆が核兵器として定義されるのでウラン兵器は核兵器ではないが、放射能汚染を起こすので「準核兵器」「放射能兵器」などと呼ばれる。国連の人権小委員会が一九九六年と一九九七年の決議で核・生物・化学兵器などと並べてウラン兵器は「国際人道法に反する」とした（一八三頁）のは当然だ。本書は、二〇〇六年のICBUW広島会議とその後の進展（二〇〇七年一二月の国連決議採択まで）という形でウラン兵器とその禁止運動の最新情報をまとめた必読書である。ICBUW（ウラン兵器禁止を求める国際連合）は二〇〇三年にベルギーで発足した。

本書を通じて特に印象に残ったのは、ロザリー・バーテル、デニス・カイン、丸屋博らの文章であった。私はウラン二三八の自発核分裂がウラン兵器被曝にどのような意味を持つのか気になっていたのだが、バーテルは「一ミリグラムのウラン二三八」が一日に一〇〇万回以上アルファ崩壊することに加えて、自発核分裂（年に二回）の際にはアルファ崩壊の時の四〇倍の大きなエネルギーを出すと指摘する（二一九頁）。矢ヶ崎克馬も「DU微粒子の直径がもし一〇〇ナノメートルであれば、その粒子には約一〇億個の原子が含まれ、繰り返し細胞の変性を加速する危険性があります」と指摘する（一九八頁）。単純計算すればナノ粒子一個あたり九年に一回のアルファ線被曝を受けることになる。内部被曝の恐ろしさがよくわかる。湾岸戦争帰還兵カインは、「米国は、ヒロシマ・ナガサキに原子爆弾を投下した時、病んでいましたが、病はさらに重くなっています」としめくくる（六五頁）。丸屋は「イラクの子供たちの白血病、がんなどの悪性腫瘍の上昇傾向が異常です。広島の悪性腫瘍の発症との間に大きな差があります。DUの微粉末を吸入する結果もたらされる、アルファ線による体内からの被曝は、ガンマ被曝を中心にだけ考えていた僕らには大きな衝撃でした。広島・長崎で理由の不明であった『原爆ぶらぶら病』をはじめ、なぜ入市被爆者に放射線の急性症状があらわれ、死者まで出る異常が起こるのか？——イラクのDU被害の事実は、こうした点を白日の下に晒したといっていいのでしょう。いま『内部被曝』というキーワードが、原爆被爆の後影響を解き明かす鍵になっていると思います。」（一六六頁）と述べる。肥田舜太郎も、ウラン兵器被曝者の症状が広島・長崎の入市被爆者の症状に似ていると指摘している（二一二頁）。

科学分科会の確認事項（一九九頁）は、内部被曝、予防原則、立証義務などの位置づけを示しており、大変重要であると思う。バスラのアル・アリ医師らの疫学調査への支援も不可欠だ。

ベトナム枯葉剤の訴訟では主犯が政府なのに共犯の農薬会社しか被告にできないことを想起すると、二〇〇五年提訴のDU民事訴訟で、フェレス原則（軍役中に被った被害に関しては、兵士が軍を訴えることができない）は除隊後の期間における医療過誤を訴えることを妨げないとして、帰還兵のみならず配偶者にも政府を訴える権利が認められたことは、実に画期的だ（二二八頁）。ところでベルギーがそんなにすごい平和大国だとは知らなかった。対人地雷禁止、クラスター爆弾禁止、劣化ウラン兵器禁止で世界の先陣を切ったのである（二三〇頁）。そういえば前田朗『ジェノサイド論』（青木書店、二〇〇二年）でもベルギー人道法の意義が指摘されている。本書刊行直後の二〇〇八年五月に、ダブリンでクラスター爆弾禁止条約が採択された。DU禁止へ向けての国際世論を高めていかなければならない。

最後に、本書の末尾にウラン兵器についての文献リスト（特に日本語文献）を入れてほしかった。

### ▼『隠して核武装する日本』
——槌田敦・藤田祐幸・山崎久隆・井上澄夫・中嶌哲演著（影書房、二〇〇七年）

一九九五年のナトリウム漏れ事故で運転を停止し、普通の原発と比べてもあまりにも危険なために高裁が原発裁判史上初の原告勝訴判決を出さざるをえなかった（最高裁ではもちろん国の見解丸呑みの逆転判決になった）高速増殖炉もんじゅが、二〇〇九年に運転再開予定であるが、これが核兵器級プルトニウムの大量生産装置（毎年六二キログラム）でもあることが、世間では一体どれだけきちんと理解されているのだろうか。もちろん一四年間の運転停止期間に生じた思わぬ機材の劣化も心配ではあるが。もんじゅのブランケット燃料（炉心周囲の劣化ウラン）を再処理して兵器級プルトニウムを抽出するリサイクル機器試験施設（ＲＥＴＦ）も操業見込みである。高速増殖炉は原子炉級プルトニウムを炉心に装荷して核燃料として消費し、運転に伴ってブランケットには兵器級プルトニウムを生産する装置なのであるが、藤田氏は「マネー・ロンダリング」をもじって「プルトニウム・ロンダリング」と呼んでいる。本書には付録として首相宛ての「もんじゅ運転再開を止める請願署名」がついている。

本書は、物理学の槌田・藤田両氏をはじめとする著者らが、岸信介、佐藤栄作、中曽根康弘、中西輝政（京大教授）などに代表される日本の保守支配層、右翼知識人などに連綿と続く日本核武装論について、その科学技術的な意味、政治的な意味を体系的に解明した、被爆地にとどまらず日本国民必読の本である。しかもこのテーマを本格的に体系的に解明した本は本書が初めてであり、類書がないだけに貴重である。被爆地は核兵器には敏感であるが、核の民事利用（原発）の問題点については、大半の日本人の意識と変わらない。世界の原発保有国三一カ国のなかでウラン濃縮と再処理も行うのは核兵器保有国と日本だけであり、日本が「プルトニウム・ロンダリング」まで国策としていることに危機感を持つべきではないだろうか。また、核兵器と原発の共通の出発点であるウラン鉱山の被曝労働（人形峠ウラン鉱山でも肺癌が多発したことはまず間違いない）や大量の核廃棄物（一〇〇万キロワット原発を一年間運転するためにウラン鉱山では二〇〇万トン以上のウラン残土、鉱滓が生じる）は、問題ではないのか。さらに日本最初の原発である東海一号（一九六六年運転開始、一九九八年運転終了、現在解体作業中）が兵器級プルトニウムの生産装置であり、使用済み核燃料が英国で再処理されて英米の核兵器生産に貢献した。

岸信介内閣は一九五七年に「自衛のための核兵器保有は合憲」という見解を採用し、これは村山内閣を経て現在も堅持されている。また岸は一九五八年に「平和利用にせよその技術が進歩するにつれて、兵器としての可能性は自動的に高まってくる」と指摘した。弟の佐藤栄作首相は一九六五年にラスク国務長官との会談で「中国共産党政権が核兵器を持つなら、日本も持つべきだと考えている」と述べた。佐藤内閣のもとで秘密裏に行われた核武装研究についても藤田論文は詳しく紹介している。一九六九年の秘密文書にある「当面核兵器は保有しない政策はとるが、核兵器製造の経済的・技術的ポテンシャルは常に保持するとともに、これに対する掣肘を受けないように配慮する」という文章も重大だ（一二三頁）。後にノーベル平和賞選考委員会は、ベトナム戦争を長引かせたキッシンジャー（一九七三年）、核武装論者佐藤栄作（一九七四年）と連続人選ミスをした。安倍晋三元首相も核武装論者であった。福田康夫前首相（官房長官在職の二〇〇二年に核武装容認発言）の父である福田赳夫も一九七八年の首相在任当時、参議院予算委員会で「国の武装力を核兵器で装備するという決定を採択することができる」と述べた。

本書の九頁には、「核武装の検討を容認する国会議員リスト」があり、長崎選出では自民党の谷川弥一が入っている。ちなみに、ウィキペディアの「核武装論」という項目（作成作業中）には、「主な核武装論者」として、次の名前があげられている。伊藤貫（国際政治・米国金融アナリスト）、中川八洋（筑波大学教授）、副島隆彦（常葉学園大学教育学部特任教授）、中西輝政（京都大学大学院教授）、志方俊之（帝京大学教授、元陸将、元陸上自衛隊北部方面総監）、福田和也（慶應義塾大学教授文芸評論家）、平松茂雄（前杏林大学社会科学部教授）、西部邁（秀明大学学頭）、兵頭二十八（軍学者）、小林よしのり（漫画家）、橋下徹（大阪府知事・弁護士）、勝谷誠彦（コラムニスト）、石原慎太郎（東京都知事)、小池百合子(衆議院議員・自民党、元防衛大臣)、高市早苗(衆議院議員・自民党)、丸川珠代(参議院議員・自民党、元テレビ朝日アナウンサー)、西村眞悟(衆議院議員・無所属)。

▼『環境問題はなぜウソがまかり通るのか』〔読み方注意〕

――武田邦彦著(洋泉社、二〇〇七年)

〈基本的知識・理解で看過できぬ「勉強不足」〉

武田氏は一九四三年生まれ、東大卒、工学博士、名古屋大学教授などを歴任、文部科学省科学技術審議会専門委員。本書は、三月に出版されて、六月には七刷という「二五万部突破のベストセラー」になったそうだが、「学者の勉強不足」を痛感させる本である。たとえば、カネミ油症に関する記述には仰天した。カネミ油症がダイオキシン被害と呼ばれるのは、PCB中毒だからではない。PCBの不純物であるPCDF(ポリ塩化ジベンゾフラン)のほうがむしろ主因だとわかったのは、一九八三年である。基本的な情報は確認してほしい。

ベトナム枯葉作戦についての理解にも疑問がある。武田氏は「なぜベトちゃんドクちゃんだけがいつまでも出てくるのか」と嘆いているが、本当にそうだろうか。故レ・カオ・ダイ博士(ハノイ医科大学)の『ベトナム戦争におけるエージェントオレンジ』(尾崎望監訳、文理閣、二〇〇四年)や中村梧郎『戦場の枯葉剤』(岩波書店、一九九五年)などは基本文献のはずだが、読んでいないのではないだろうか。使用量の多かった農薬はCNPであるが、ダイオキシンとの関連で問題になるのはむしろ2,4,5-Tのほうである。

合成洗剤と石けん（本書では言及なし）あるいはリサイクルについての武田氏の議論（二〇〇〇年に刊行された『リサイクルしてはいけない』の内容）の問題点について、NPO法人環境市民のウェブサイトでかなり体系的に論じられたことがあるが、武田氏ご本人から批判掲載への抗議はあっても、内容への実質的な反論はなかったようだ。また、ダイオキシン論争も含めて最近の議論については、畑明郎ほか編『公害湮滅の構造と環境問題』（世界思想社、二〇〇七年）に手際よくまとめられている（武田氏への言及もある）。著者紹介によると、武田氏は「内閣府原子力安全委員会専門委員」であるとのことだから、原発についても言いたいことがあるはずだが、本書では言及はない。なお洋泉社は、煙草問題についても最近トンデモ本を出している（『タバコ有害論に異議あり！』）。

## ▼『公害被害放置の社会学　イタイイタイ病・カドミウム問題の歴史と現在』

——飯島伸子・渡辺伸一・藤川賢著（東信堂、二〇〇七年）

四大公害（水俣病、新潟水俣病、イタイイタイ病、四日市喘息）のひとつとして学校で必ず習うイタイイタイ病であるが、「富山」の病気として覚えなければならないことになっている。長崎県対馬のカドミウム被害は腎障害があり、骨軟化症（軽度）もあったのに、イタイイタイ病はないことにされてしまった。兵庫県のカドミウム被害もイタイイタイ病ではないことにされた。本書の一七二頁から引用しよう。

そういう保管の仕方をするのはなぜか。それは、喜田村氏も、この骨の標本を骨軟化症だと認めているからに他ならないだろう。これらは、喜田村氏の科学者としてあるまじき行為を告発すると同時に、喜田村氏が委員長を務めた兵庫県診査委員会の生野イ病否定の判断が、いかに不当なものであったかを示すものである。

医学には素人である社会学の准教授が、高名な医学部教授をここまで厳しく批判する。しかし喜田村教授は名誉毀損で訴えることができない。批判に反論できないからである。喜田村氏は水俣病公式発見当時の熊本大学医学部教授で、水俣病研究班の一員でもあった。後に神戸大学医学部に転出。これは喜田村氏への「個人攻撃」ではない。公害事件における御用学者の「活躍」は、津田敏秀『医学者は公害事件で何をしてきたのか』（岩波書店、二〇〇四年）、原田正純『裁かれるのは誰か』（世織書房、一九九五年）などに詳述されている。本書は、日本の環境社会学の開拓者のひとりである飯島氏（故人）とその門下の若手による労作である。書名にあるように、公害被害者が放置される仕組みを社会学的に解明している。なお、長崎大学の前学長齋藤寛氏も対馬などのカドミウム被害を調査した経験があり、谷村賢治・齋藤寛編『環境知を育む　長崎発の環境教育』（税務経理協会、二〇〇六年）の所収論文で国の研究班を批判している。

**▼『五万年前　このとき人類の壮大な旅が始まった』**
**——ニコラス・ウェイド著、安田喜憲監修、沼尻由起子訳（イースト・プレス、二〇〇七年）**

「我々とは何者かを明らかにする全人類必読の書だ」という安田氏の推薦の言葉は大げさではない。五〇〇万年前（あるいは七〇〇万年前）にアフリカでチンパンジーとの共通祖先から分岐した人類は、長い猿人の時代をアフリカで過ごしたあと、一五〇万年ほど前にアフリカを出てアジア、ヨーロッパに広がった。北京原人、ネアンデルタール人などである。しかしもちろん北京原人は中国人の祖先ではないし、ネアンデルタール人もヨーロッパ人の祖先ではない。現代人の祖先は一五万年ほど前にアフリカで誕生したが、五万年ほど前（その頃には現代的な言語能力を備えていたようだ）に一五〇人ほどの集団でアフリカを出発し、アジア、ヨーロッパ、オセアニア、新大陸に広がった（一五〇人ほどではないかというのは、ヒトゲノムなどの知見をふまえた最近の研究成果）。ヨーロッパで現代人がネアンデルタール人と遭遇したとき、おそらく現代人（アフリカ出身）の皮膚は黒く、ネアンデルタール人（寒冷地適応）の皮膚は白かった。現代人とネアンデルタール人は一万五〇〇〇年も共存したが、ネアンデルタール人は次第に生活範囲を狭められ、最後にはスペインあたりで絶滅したとみられる。「ネアンデルタール人たちとの死闘」「惨酷と利他　人間性の不思議」などの章題は、想像力をかきたてる。暴力と平和・協力の起源を人類の進化の観点から考えておくことは、現代の暴力と平和の問題を考えるうえでも不可欠であり、先に紹介した山際の著書（山極 2007）とともに一読をすすめたい。

### ▼『すばらしきアメリカ帝国』
——ノーム・チョムスキー著、岡崎玲子訳（集英社、二〇〇八年）

英語原題を直訳すると『帝国の野望　9月11日以後の世界についての対話』となろう。デヴィッド・バーサミアンが二〇〇三年から二〇〇五年にかけてチョムスキーにインタビューした九編を収録。

国際法違反、侵略行為、凶悪犯罪、人権侵害といった、どのような原則によって『ならず者国家』を定義づけたとしても、アメリカは完全に該当します。

今や、国内においても、アメリカ市民を含む人々を検挙して家族や弁護士への接見なしに無期限に拘束し、大統領が『対テロ戦争』云々と呼ぶ事態の終結を宣言するまで、裁判にかけないまま収容する権利を主張しています。驚愕するしかありません。

七九歳の碩学の明快で皮肉とユーモアあふれるアメリカ帝国批判を二三歳の訳者が流麗な日本語にした好著である。

### ▼『世界がキューバ医療を手本にするわけ』
——吉田太郎著（築地書館、二〇〇七年）

キューバの有機農業と医療が世界の熱い視線を浴びている。医療の高い水準とアクセスのしやすさは、マイケル・ムーア監督の映画『シッコ』（二〇〇七年）でも紹介された。9・11事件の瓦礫除去ボランティアが健康悪化をかかえながらブッシュ政権に放置され、キューバで手厚い医療を受けて感激する場面があった。有機農業については吉田氏の前著に詳しいが、本書は医療先進国キューバ（技術でも制度でも教育でも）を紹介する好著である。パキスタン大地震被災者へのキューバ医療隊の支援を見た元大臣は言う。

パキスタン人は、初めて医療分野でもキューバの進歩を目にしました。キューバの医師たちは、片言ですがウルドゥー語さえ話し、地元住民と素晴らしい関係を結んだのです。小国でありながら、こと医療と教育にかけては、キューバは超大国なのです。（一四七頁）

ハリケーン・ミッチの被災者支援をきっかけに設立されたラテンアメリカ医科大学はラテンアメリカ諸国だけでなく「米国の第三世界」（アフリカ系貧困層など）からも留学生を受け入れている。一人あたり所得と乳幼児死亡率はだいたい比例関係なのにキューバだけ保健指標が突出して先進国並み、乳幼児死亡率は米国より低い。独自に開発した医薬品も外貨を稼ぐ。世界中の発展途上国への医療支援だけでなく、近代医療と代替医療の統合、医療情報革命、省エネ政策などでも注目されている。日本の医療構造改革の問題点を考えるうえでも参考になるだろう。

**▼『切除されて』**

**――キャディ・コイタ著、松本百合子訳（ヴィレッジ・ブックス発行、ソニー・マガジンズ発売、二〇〇**

七年）

〈幾多の困難の果てに　文明と野蛮の複雑な関係を理解し、その問題を知るべき慣習〉

この慣習は、女子割礼（FC；female circumcision）あるいは女性性器切除（FGM；female genital mutilation）と呼ばれる。伝統文化としての側面に力点があるときはFC、女性の心身への弊害に力点があるときはFGMと呼ばれる。厄介なのは、文化的帝国主義と無縁でないことで、FGMという用語には女性の人権への関心を喚起するという面と、「アフリカ人は野蛮だ」という欧米人の言説に荷担しかねない面の両義性があるということだ。文明と野蛮の関係は複雑である。欧米や日本による植民地支配（あるいはいまも続く新植民地的支配）や戦争（核・化学・生物兵器や劣化ウラン兵器、クラスター爆弾、通常兵器の大量使用などを想起されたい）を通じて、「文明の野蛮性」が高まったことは銘記しておきたい。後述の内海夏子によると、国連の公式文書では、「FGM／FC」と併記されることが多いそうだ。

FC／FGMはアフリカ諸国を中心に約三〇カ国に見られるが、イスラム教と関係があるという誤解はいまも根強いようだ。イスラム教よりずっと古くからある習慣で、イスラム教でもする集団としない集団があり、キリスト教でもする集団としない集団がある。北アフリカのアラブ諸国でいうと、エジプトでは行われるが、リビアやアルジェリアでは行われない。キャディ・コイタの出身国セネガルでは、ソニンケ人は行うが、ウォロフ人は行わない。ウォロフ人が欧米人の言説を借用して、冗談混じりにソニンケ人を「野蛮人」呼ばわりすることもあると言う。なお、一九世紀の英国では、一部の産婦人科医が「治療」と称してクリトリス切除を行っていた。

私がこの慣習の存在を知ったのは、大学卒業時点（一九七九年三月）のことである。同年二月にスーダンのハルツームでこの問題についての国際会議が開かれた。それを取材したクレール・ブリセ（邦訳に『子どもを貪り食う世界』堀田一陽訳、社会評論社、一九九八年、がある女性ジャーナリスト）の記事が『ル・モンド』に発表され、その邦訳が「WHOの会議で明るみに出た三千万アフリカ女性の『性の悲劇』」（間庭恭人訳）と題して『週刊朝日』一九七九年三月三〇日号に掲載されたのである。そのとき以来私は関心を持ち続けており、非常勤講師として行っている看護学校などの講義では、アリス・ウォーカーが製作した『戦士の刻印』（日本語字幕監修はヤンソン柳沢由実子）という映像を毎年見せている。最近では、ジェシカ・ウィリアムズ（BBC記者）の好著『世界を見る目が変わる50の事実』（酒井泰介訳、草思社、原著は二〇〇四年）にも、「毎年、二〇〇万人の女性が性器切除される」という項目で紹介されている。同じ〇四年には、ウスマン・センベーヌ監督（一九二三年生まれのセネガル人男性）の映画『母たちの村』も制作された（日本公開は二〇〇六年）。ユニセフの『国々の前進』一九九七年版にもこれについての特集がある。日本のジャーナリストによるまとまった解説としては内海夏子の『ドキュメント女子割礼』（集英社新書、二〇〇三年）がとてもわかりやすいので、本書『切除されて』との併読をすすめたい。また、イスラム教徒女性がFGM／FCを含む人権問題を描いた著作としては、やはりナワル・エル・サーダウィ（エジプトの医師）の『イヴの隠れた顔』村上真弓訳（未来社、新装版は一九九四年）が古典であろう。

さて、ようやく本題である。『切除されて』の著者キャディ・コイタは、五九年生まれのセネガル人女性（ソニンケ人でイスラム教徒）。その半生を、本人がマリー・テレーズ・キュニという人の協力を得て描き、〇五年にフランスで出版されベストセラーになった本の邦訳である。原題は、mutilate に対応する仏語 mutiler の過去分詞なので、邦題はその直訳だ。キャディは、七歳で両肩をおさえつけられ、脚を大きく広げられてクリトリスを切除された。さらに切除部分が大きく縫合までされるタイプに比べると、「穏やかな」FC／FGMである（擁護論者には、穏やかなタイプなら良いとか、医師が清潔に施術すれば良い、などの詭弁がある）。一三歳で家族の都合により、二〇歳近く年長の見知らぬ男と結婚させられる。一五歳で渡ったフランスでの結婚生活。遠縁の親戚でもある夫は悪人ではないのだが、無知で傲慢でわがままな男である。切除の後遺症で痛いので、夫婦生活はまるで夫婦間レイプみたいなものだった。もちろん分娩も苦痛である。フランスのセネガル人移民社会の男たちも因習にとらわれている。一夫多妻生活の実情も描かれる。キャディは四人の娘と一人の息子の母となるが、上の娘三人も切除されてしまい、さらに次女の交通事故死という悲劇に見舞われる。パリで開業する有能なアフリカ人弁護士（男性）の支援を得て離婚し、現在は四人の子供たちとともにベルギー在住。

邦訳をきっかけに来日し、朝日新聞「ひと」欄（二〇〇七年六月五日）にも紹介された。いまは、FGM／FCの廃絶運動をはじめとする女性の人権活動家である。「La Palabre」（フランス語で「長談義」という意味）のヨーロッパ代表をつとめている。「この団体は、不平等、暴力、人種差別、そして女子性器切除や早すぎる結婚、強制結婚など女性の健康を害する忌まわしい慣習に反対し、暴力を使わない形で闘い、女性と子どもたちの基本的な権利を守り、教育していくことを目的として作られました」とのことである。本のカバーの宣伝文句は誇張があることも少なくないが、本書のカバーの「幾多の困難の果てに立ち上がったひとりの女性が自らの半生を語った。だれも、女性の生きる自由とよろこびを奪うことなどできない」という言葉には、まったく同感である。多くの人に一読をすすめたい。

＊

この本に対する私の書評が『図書新聞』の七月七日号に掲載されたので、ここでは最小限の紹介をするとともに、スペースの関係で『図書新聞』には書けなかったことを少し付け加えたい。女子割礼（ＦＣ）あるいは女性性器切除（ＦＧＭ）と言われるこの慣習はアフリカなどの約三〇カ国でいまも毎年二〇〇万人の少女に対して行われ、女性の心身を傷つける「悪習」である。イスラムと関係あるという誤解が根強いが、イスラムよりはるかに古い慣習で、エジプトでは行うが、リビアやアルジェリアでは行わない。キャディの祖国セネガルでは、ソニンケ人は行うが、ウォロフ人は行わない。本書は、切除され、自分の娘のうち三人も切除され、さらに次女を交通事故死で失う悲劇に見舞われた女性が、ＦＣ／ＦＧＭ廃絶など女性の人権問題活動家として立ち上がるまでの半生を描いた好著であり、是非とも多くの人に読んでほしい。さて、出血には、じわじわと出ることが多い静脈性出血と、しばしば噴出する動脈性出血がある。大量出血のリスクが大きいのはもちろん動脈性出血である。『切除されて』二五頁の「ほとばしるように噴きだした血が（施術する）女性の顔にかかっていた」という記述は、動脈性出血を示唆しているように思われる。男性の陰茎（ペニス）と女性の陰核（クリトリス）は、解剖学的に相同である。陰茎に入る内陰部動脈は、亀頭に向かう陰茎背動脈と、海綿体（充血すると勃起する）に向かう陰茎深動脈に分かれる。女性の陰核でもやはり、内陰部動脈は、亀頭に向かう陰核背動脈と、海綿体に向かう陰核深動脈に分かれる（伊藤隆『解剖学講義』南山堂、一九八三年、参照）。FCにおいて、出血多量による死亡事故は比較的稀だと言われている。しかし、現代医学の訓練を受けていない伝統的施術者が動脈切断を伴う陰核切除の施術を行う場合においては、やはり大量出血のリスクは相当大きいとみたほうがいいのではないだろうか。もちろん長年の伝統であるから薬草などで止血を行う。しかし、私は伝統医療を蔑視するつもりはないが、止血術においてはやはり現代医療のほうがすぐれているのではないだろうか。ただし、FCの擁護論者のなかには、「医師が清潔・安全な条件で施術すれば良いのだ」「穏やかなタイプのFCなら良いのだ」などの詭弁があるので、注意を要するところであろう。イラクのクルド人にもFCがある（Daily Yomiuri / Japan Times 2008. 12. 31）。

### ▼『宝の海を取り戻せ　諫早湾干拓と有明海の未来』
**——松橋隆司著（新日本出版社、二〇〇八年）**

約二〇年の歳月と二五〇〇億円の巨費をかけて完成し、営農が始まった諫早湾干拓。本書は科学部長だった著者の『しんぶん赤旗』連載記事に加筆したものである。佐藤正典氏（鹿児島大学教授）などへの取材で干潟の生物多様性と浄化機能を解説。地元の漁民に漁業被害の現状を取材。なぜ赤潮が増えたのか。「防災」というが、本明川《ほんみょうがわ》の上流・中流の治水や沿海部の排水機場の増設が優先されるべきではないのか。複式干拓は大雨のときにむしろ災害を増幅することはないのか。「農地造成」というが、米の減反が進み野菜の作づけが減り、耕作放棄地が多い長崎県で、なぜ大金をかけて広大な不良農地をつくるのか、干拓地を買い取った県農業振興公社が九八年間もかけて県に借金を返すことに問題はないのか。ゼネコンから地元保守系議員への巨額の政治献金。常時開門はなぜ必要なのか。「公共性のない公共事業」の典型である国営諫早湾干拓の問題点をわかりやすく整理している必読の本である。巻末に、松藤文豪氏（有明海漁民・市民ネットワーク代表）、東幹夫氏（長崎大学名誉教授）、馬奈木昭雄氏（「よみがえれ！　有明海訴訟」弁護団長）へのインタビューを入れてある。

### ▼『「WTC（世界貿易センター）ビル崩壊」の徹底究明　破綻した米国政府の「9・11」公式説』

——童子丸開著（社会評論社、二〇〇七年）

童子丸というのが本名なのか筆名なのかはわからないが、福岡出身、バルセロナ在住の日本人ジャーナリストである。理学部か工学部の出身らしい。木村愛二氏が主催するサイト「阿修羅」によく書いている人のようで、最近「阿修羅」に掲載された本書の書評も参考になるのでアドレスを紹介しておく。http://www.asyura2.com/07/war97/msg/798.html

9・11事件（いわゆる同時多発テロ）についての公式説明の疑問点は無数にあるが、本書は四三号の本欄で紹介した私たちの『9・11事件は謀略か「21世紀の真珠湾攻撃」とブッシュ政権』（デヴィッド・レイ・グリフィン／きくちゆみ・戸田清訳、緑風出版）および『9・11事件の省察　偽りの反テロ戦争とつくられる戦争構造』木村朗編（凱風社）と同じく九月一一日に出版された。9・11事件の謎については、この三冊が必読文献だと思う。童子丸氏は物理・化学的論点に徹底的にこだわって公式説明の疑問点を究明しており、私にも大変納得のいく説明であった。グリフィンの本や木村編の本を補完する内容になっていると思う。やや高価であるが、カラー図表を多用しているからやむをえないのだろう。ツインタワーから一〇〇メートル離れた第七ビルが飛行機の激突がないのに崩壊したこと（ツインタワーと違って、このビルの崩壊の事実自体があまり認識されていない）は「9・11事件最大の謎のひとつ」とも言われるが、たとえば本書で詳細に考察されている、ツインタワーから剝がれた重さ一トン以上の鉄柱が一五〇メートルも離れたビルに突き刺さったことも大きな謎だ。爆薬の設置を仮定しないと説明困難であろう。

### ▼『中国汚染　「公害大陸」の環境報告』

——相川泰著（ソフトバンク新書、二〇〇八年）

相川氏は鳥取環境大学准教授。一九六九年生まれの若手であるが、中国語に堪能で、豊富なフィールドワーク経験を持つ、中国環境問題研究の第一人者である。一九八〇年代に浮かび上がった松花江水俣病のことは日本では水俣病関係者以外はほとんど知らないし、中国でもほぼ忘れられているが、本書ではその背景と現状、何がわかっていないかについても詳述されている。今世紀には松花江でベンゼン汚染事件が発生した。松花江は黒竜江と合流してロシアのアムール川となる（国際河川）。化学汚染によるとみられる癌が多発する「がん村」がいくつもあることは、日本でも報道された。黄砂や酸性雨は日本への越境汚染にもなる。日本企業も中国への公害輸出で問題になったことがある。公害大陸となった中国に日本の公害経験を伝える市民活動には本書の著者も参加している。中国の環境問題と、私たち市民に何ができるかを述べた必読の本である。

▼『光市事件裁判を考える』
——現代人文社編集部編（現代人文社、二〇〇八年）

四月二二日に広島高裁で「光市母子殺人事件」の差戻審「死刑判決」が出たことは記憶に新しい。しかしそもそも「光市母子殺人事件」という表現は妥当なのか。実はそれも争点なのである。もちろんかけがえのない二人の生命が失われたことは大きな悲劇なのだが、それは「凶悪犯罪」だったのか、それとも「不幸な偶然の積み重なりの結果」だったのか、が問われているのだ。著者らは「光市事件」という中立的な表現を使う。弁護団（原爆投下を裁く民衆法廷の足立修一弁護士も入っている）への世間やマスコミのバッシングが「集団ヒステリー」とも言うべきすさまじさで行われ、橋下徹弁護士（現大阪府知事）がテレビで懲戒請求を呼びかけると、全国から弁護団の所属弁護士会（東京、広島ほか）に懲戒請求が殺到したという。マスコミは検察発表を鵜呑みにしながら、遺族本村洋氏に「寄り添う」報道を続けた。評論家の宮崎哲弥氏は、週刊誌で鑑定人の野田教授らを罵倒した。

弁護団は「殺人」ではなく「傷害致死」であると主張するが、その論旨には実に説得力がある。「強姦しようとしていた」「両手で弥生さんの首を絞めた」「夕夏ちゃんを床に叩きつけた」などは検察がおしつけた虚偽自白である疑いが強い。法医学鑑定の上野正彦博士（元東京都監察医務院長、著書多数）、精神鑑定の野田正彰教授（著書多数）のような有名人も弁護団に協力し、二一人の「弁護団」は総力を傾けて立証に挑んだ。

主任弁護人の安田好弘氏が死刑廃止運動で有名であることは事実であるが、「弁護団が光市事件を死刑廃止運動のために利用した」というのはまったくの嘘（誤報）である。弁護団には死刑存置派の弁護士も参加しているし、光市事件の審理でも死刑制度反対の主張をまったくしていない。弁護団の一致点は「間違った事実認定にもとづいて死刑判決を出してはならない」ということであった。弁護団が主張するのは「部分冤罪」（傷害致死なのに殺人と認定され、意図しない屍姦であったのに強姦の意図を認定された）である。「冤罪」（無実の人に濡れ衣）に比べると「部分冤罪」は一般国民にわかりにくいので、丁寧な説明が必要であろう。被告（当時一八歳、現在二七歳）は当時「童貞」であり、当日の状況を検討してみても「強姦の意図があった」という認定は不自然である。弁護団の立証は十分に成功している（死刑判決は裁判官の思考放棄によるものであり、誤判であると思う）と私には思えるけれども、説明不足ないし説明のまずさが誤解を与えた面も否定できないのではないかと、本書所収の座談会（浜田寿美男教授ほか）を読んで感じた。

「母胎回帰」などの言葉が一人歩きして、「被告は荒唐無稽な主張をしている」「弁護団が被告にストーリーをおしつけた」などの誤解が生じたのは、弁護団の説明の不十分さにも一因があるのではないだろうか。法廷欠席問題も決して裁判遅延が目的ではなく、あの時点と状況ではとりうる唯一の選択肢だったのだが、バッシングの原因になってしまった。しかし全体として見ると弁護団の主張が正当であるという印象が私には圧倒的である。光市事件の本質について国民の大半が誤解したまま（と私は思う）で二〇〇九年の裁判員制度開始になだれこむことを、私は強く憂慮せざるをえない。

光市事件について冷静な記事が出たメディアは『週刊金曜日』などごくわずかである。本書は、浜田氏（『自白の心理学』岩波新書、二〇〇一年、などの著者）らに弁護団もまじえた座談会で「光市事件の論点」を考え、佐木隆三氏、綿井健陽氏らの論考を入れ、編集部が「光市事件裁判と弁護士懲戒問題」について解説し、最後に差戻審弁護団の石塚伸一教授が「Q＆A光市事件・裁判」で疑問に答えるという構成になっている。座談会、綿井氏の論考、Q＆Aは特に読みごたえがあった。多くの人に読んでほしい。

### ▼『光市事件　弁護団は何を立証したのか』
**——光市事件弁護団編著（インパクト出版会、二〇〇八年）**

本書は「1部　光市事件の概要」「2部　光市事件弁護団に聞く」「3部　司法の職責放棄が招いた弁護士バッシング」の構成で、弁護団の主張をまとめたものである。先に紹介した『光市事件裁判を考える』とあわせて熟読してほしい。

### ▼『非武装のPKO　NGO非暴力平和隊の理念と活動』
**——君島東彦編著（明石書店、二〇〇八年）**

まず本書の章立てを紹介する。

序章　暴力の現在、非暴力の未来（君島東彦）
第1部　紛争地で武力によらずに命をまもる

1 プロジェクト開始2年の模索（大島みどり）
2 踏みとどまったスリランカ（リタ・ウェブ）
3 1つの政府と2つの〃くに〃（徳留由美）
4 NPのプロジェクトの展開（大橋祐治）
第2部 非暴力のちから
1 非暴力平和理念の淵源とその発展（大畑豊）
2 世界の市民平和活動のなかでのNP（阿木幸男）
3 大いなるお節介―非暴力介入（奥本京子）
4 NPの挑戦と可能性（ディヴィッド・グラント）
第3部 人権、民主、平和の一体性
1 韓国民主化運動―軍事政権の克服からグローバルな連帯へ（朴成龍）
2 差別撤廃から国際平和貢献への道筋（小笠原正仁）
第4部 高野山シンポジウム―紛争地でNGOに何ができるか

序章で君島氏は、「現在の地球社会の暴力は大づかみにとらえると三つに整理することができる。すなわち、グローバル・アパルトヘイト、パックス・アメリカーナ、そして9・11以後の対テロ戦争である」と述べる（五頁）。あとの説明を読んでみると、これは実に的確なまとめ方であることがわかる。グローバル・アパルトヘイト（こういう書名の本もある。*Global Apartheid*, Muhammed Asadi, Writers Club Press, 2003）というのは、かつての南アフリカのアパルトヘイトのように「世界の人口の二割の富裕層が、世界の富の八割を独占しており、人口の八割を占める多数の人々が二割の富を分け合っている。富裕層が住む地域は基本的に『平和』であり、多数の貧困層が住む地域では犯罪、紛争が頻発する」状況である。「平和」な〈平和圏〉と紛争が多発する〈紛争圏〉はおおむね先進国と発展途上国に対応するが、先進国のなかにも壁と警備会社に守られた〈平和圏〉と、犯罪、暴力の頻発するスラム街のような〈紛争圏〉がある。パックス・アメリカーナとはパックス・ロマーナ（ローマ帝国の支配による平和）に由来する表現で、米国を覇権国とする戦後世界秩序をさし、それに組み込まれた日本にも米軍基地が配置され、日本の経済、政治、軍事もパックス・アメリカーナの暴力に加担している（二〇〇八年四月一七日にイラクでの航空自衛隊の米軍支援に違憲との司法判断が下されたことは記憶に新しい）。アフガニスタン、イラクで「対テロ戦争」が進行しているときには米国内でも緊急事態＝例外状態が日常化して、安全保障のために人権と民主主義の制限が行われた。

こうした暴力を克服する市民活動の一環として非暴力平和隊（NP）の活動もある。人道的危機に対する武力行使でも傍観でもない「第三の選択肢」としてNGOの非暴力介入があり（四頁）、これはミリタリー（軍事）の領域を漸進的に縮小し、シビル（文民、市民、市民社会）の領域を拡大しようとする動きの一部である。NGOの非暴力介入の先駆的な組織が一九八一年に始まる国際平和旅団（PBI）であり、それをモデルのひとつとして二〇〇二年にインドで発足したのがNPである。NP以前にも、非暴力介入の活動団体はPBIのほかにもいくつかあり、本書の八九頁に一覧表がある。また国際機関のひとつであるOSCE（欧州安全保障協力機構）の「コソボ検証団」もNPのモデルになった。OSCEが文民の監視員を一〇〇〇人規模でコソボに派遣したことから「紛争地に一〇〇〇人規模の外国の文民、市民が入っていくことによって、紛争の暴力化を防ぐことができる」という主張が研究者やNGO活動家によってなされるようになった（一一頁）。非暴力介入は平和憲法の趣旨に合致しており、「日本国憲法から世界の現状に向かうのではなく、世界の現状から日本国憲法に向かうべきである」（一三頁）。日本国憲法は「〈パックス・アメリカーナの暴力〉と〈世界のシビルによる平和〉の対決点」としてあり、一九九九年のハーグ世界市民平和会議以来NGOの会議がたびたび日本国憲法九条に言及するのも偶然ではない（一五頁）。

NPは二〇〇三年にスリランカで、二〇〇七年にグアテマラとフィリピンで活動を開始した（八七頁）。第1部はその参加者の報告である。第1部の1と2はスリランカでの経験である。スリランカに派遣されたスタッフは男性四人、女性七人で、国籍を見ると、ケニア人、ガーナ人、フィリピン人、インド人、日本人、米国人、カナダ人、ドイツ人、パレスチナ系ブラジル人であった（二二頁）。活動の柱は護衛的同行、観察・監視、国際的プレゼンスである（二五頁）。「護衛的同行」というのは、暗殺や暴行を受けるおそれのある現地の平和・人権活動家に外国人であるNPスタッフが同行して彼らを守ることだ。二〇〇四年四月の総選挙の選挙監視、同年一二月のスマトラ沖地震による津波被災の救援活動のサポートなどが行われた（二六頁）。食糧や医薬品などを援助するNGOに比べると、救援物資を運ぶのではなく、紛争の暴力化を防いだり、他のNGO（オクスファムなど）や国連機関（ユニセフなど）との橋渡しなどを行うNPの活動は現地で理解されにくく、最初は「あなたたちは何をくれるの？」とよく聞かれたという。「差し出すものを持たない」手ぶらの辛さである（二七頁）。子供たちを誘拐されたスリランカの母親たちの語り（四二頁）は強く訴えるものがある。

第1部の3は、フィリピンのミンダナオでの経験である。現地の人のミンダナオ紛争についての説明は、「五〇〇年続いている」だったり「三〇年続いている」だったりするが、どちらも間違いではない。前者はスペインの侵略、後者はマルコス政権下で激化した戦後の紛争のことなのだ（五七頁）。親米アロヨ政権の「対テロ戦争」＝アブ・サヤフ「掃討」作戦も事態をややこしくしている（五八頁）。NPの活動の大きな方針は「どちらのサイドにもつかない（Non Partisanship）」で、平和構築にも大きく役立つ（六一頁）。日本が輸入する生鮮果実の五八・五％はバナナであり、バナナ輸入量の七五・二％はミンダナオ産である（六五頁）。

第1部の4は、進行中の三つのプロジェクト（スリランカ、グアテマラ、フィリピン）とこれから始まるコロンビアのプロジェクトの概観である。国際派遣中心の中規模プロジェクト（スリランカ）、地元活動家中心の大規模プロジェクト（ミンダナオ）、期間限定の緊急プロジェクト（グアテマラ）、国際派遣中心の大規模プロジェクト（コロンビア）という特徴があり、NPの活動のタイプを示している（八四頁）。

第2部はNPの活動理念、可能性と限界の考察である。国際平和旅団（PBI）での活動を経てNPに入った大畑氏（第2部の1）は、NPの手法を護衛的同行、国際的監視、緊急行動ネットワーク、非暴力と人権に関する教育プログラムの提供に分けて解説する（九〇頁）。NPの構想と課題・留意点を示し、マハトマ・ガンディー、阿波根昌鴻、宮田光雄らの非暴力思想の言葉を紹介している（九九頁）。非暴力トレーニングについての著書や核問題についての訳書でも知られる阿木氏（第2部の2）は、NPの特徴とメリット、NPの限界を考察する。ところで「Non Partisanship」（六一頁）と「Nonpartisanship」（一〇四頁）で表記が不統一だが、どちらが正しいのだろうか。奥本氏（第2部の3）が紹介するヨハン・ガルトゥングの「紛争介入の10類型」（一一三頁）もいろいろな事例や活動を比較するうえで参考になろう。NPの四つの原則は、政治的立場をとらない（nonpartisanship）、独立性、不干渉、非暴力だという（一一七頁）。なお、紛争は二者関係とは限らず三者以上のことが多いので、「第三者」でなく「アウトサイダー」と呼ぼうという指摘はその通りであるが（一二二頁）、では本当のアウトサイダーはいるかというと、先進国の資源浪費が発展途上国の紛争の遠因となることも多いのだから、本当のアウトサイダーは宇宙人（異星人）だけなのかもしれない。グラント氏（第2部の4）は、NPの五年間の経験を総括している。「われわれのドナーの基盤は、平和団体の分野では大衆的な広がりを持っている。これはよいことだが、大半の資金は、金額の大小を問わず、米国の個人に依存している。これは、グローバルな組織としては望ましいことではない」（一三二頁）などと指摘する。

第3部では、韓国民主化運動（第3部の1）と日本の部落解放運動（第3部の2）の経験から、東アジアにおける人権、民主、平和の課題の関連性について語っている。

第4部はシンポジウムである。「ここ二〇年間にはっきりしてきたことは、文民、市民が軍隊に代わっていく動きである」（一六四頁）、「日本国憲法九条とNPは互いに補強し合う」（一六四頁）、「グアテマラの活動はNPの他の派遣と異なりチームのスタッフに給与はなく、スペイン語の堪能と過去の活動実績から選ばれた」（一六五頁）、「NPが考えているのは『行動する非暴力』である」（一七三頁）、「今すごく難しいのは、ライフ・スタイルとか、生き方そのものを変えながら、いかに非暴力的な運動というものをつくっていくかだ」（一七三頁）、「世界人権宣言が私たちの partisanship だ」（一七七頁）などの言葉が印象に残った。

あとがきで君島氏は、「しない」平和主義（自衛隊の海外派兵などに反対する）とならんで「する」平和主義（市民の国際平和協力実践）が大切だという持論を述べ、NPは「紛争地の住民の生命を守ることを目的としている。武器を持たずに紛争地に行き、紛争当事者に『外部の目』『国際社会の目』を意識させることによって紛争の暴力化を防ぐ活動である」とまとめる（一八一頁）。そして「戦後日本は最も軍隊を脱正統化した社会の一つではないか」「軍隊の活動領域を減らし、文民・NGOの活動領域を拡大すべきだというのはいまの世界の潮流である」と指摘する。世界の潮流に逆行するブッシュ政権とそれに付き従う日本政府は恥ずかしい。

本書は待ち望まれた「非暴力平和隊（NP）入門書」であり、平和運動への重要な問題提起である。

### ▼『民衆法廷入門　平和を求める民衆の法創造』

――前田朗著（耕文社、二〇〇七年）

東京裁判（極東国際軍事裁判）が裁き残した大量破壊兵器。核兵器は戦勝国の犯罪ゆえに裁かれなかった。生物兵器は石井四郎軍医中将（関東軍七三一部隊）が米国政府との司法取引に成功し、米国政府もデータ取得を国益とみて裁かなかった。日本軍の化学兵器は訴状に記載されていたが、米軍上層部の横やり（化学兵器を将来の選択肢として温存したい）が入って裁かないことになった。もちろん核・生物・化学兵器だけが大量破壊兵器ではない。通常兵器は東京大空襲で一晩に一〇万人、ドレスデン大空襲で数万人を殺した。核兵器が裁かれないのに劣化ウラン兵器が裁かれるはずがない。大国の戦争犯罪を国際法に照らして裁く民衆法廷はますます重要である。民衆法廷に拘束力はもちろんないが、国連の法廷も同じだ（一九八六年に国際司法裁判所でニカラグアに敗訴したレーガン政権は判決を黙殺）。民衆法廷の歴史を体系的に記述した本は海外にもたぶんないらしい。本書を読むと、ベトナム戦争を裁いたラッセル法、湾岸戦争を裁いたクラーク法廷、日本でほとんど知られていない女性世界法廷とコリア戦犯民衆法廷、NHK番組は改竄《ざん》されたが国連の支持を受けた女性国際戦犯法廷、ブッシュ政権の対テロ戦争を裁くアフガニスタン国際戦犯民衆法廷とイラク国際戦犯民衆法廷、原爆投下国際民衆法廷など、民衆法廷のほぼ全体像を知ることができる。お得な本である。

### ▼『「闇の奥」の奥　コンラッド・植民地主義・アフリカの重荷』
**――藤永茂著**（三交社、二〇〇六年）

朝日新聞の書評（二〇〇七年二月四日）を見て直ちに書店に行き、本書を購入した。とにかく藤永の本である。著者は一九二六年生まれの物理学者。名著『アメリカ・インディアン悲史』（朝日新聞社、一九七二年）で知られる。コンゴ民主共和国と聞いてみなさんは何を思い浮かべるだろうか。ベルギー領コンゴ、ザイールなどを経て現在の国名になった。いわゆるアインシュタインの手紙（レオ・シラード執筆）でベルギー領コンゴのウランが推奨されたので、広島・長崎原爆のウラン（長崎に投下されたプルトニウム原爆の原料も、もともとはウラン二三八である）の八割はコンゴ産であった。後発の帝国であるベルギーの植民地支配は、他の帝国主義列強と比べても苛酷であった。虐殺（百万人単位とも言われる）、手首の大量切断、事実上の奴隷労働などが知られている。そして最近のコンゴ内戦は、第二次世界大戦後最大の戦争とも言われる。また本書に言及はないが、私にとってはあの類人猿ボノボの生息地である（暴力的で男尊女卑のヒトやチンパンジーと違って、ボノボは平和的で男女平等である）。ポーランド出身の英国の小説家ジョセフ・コンラッドの『闇の奥』は一九世紀末のコンゴを舞台として帝国主義を告発する名作として、英語圏では多くの教科書に採用された。しかしこの小説の実態は、ベルギー帝国主義を告発しつつ英帝国主義を美化し、黒人蔑視を示すものであった。ナイジェリアのアチェベなど慧眼な文学者たちはそれを見抜いた。日本はもちろんかつての帝国主義列強のひとつであり、現在は英国とともに「アメリカ帝国」のジュニア・パートナーである。本書は、帝国主義、植民地支配の本質を知るための必読書である。本書の記述は実にわかりやすく、八〇歳になる著書の筆の迫力にも驚かされる。

**【引用および参考文献】**

ASH編 2005『悪魔のマーケティング』津田敏秀ほか訳、日経BP社

秋吉美也子 2006『横から見た原爆投下作戦』元就出版社
荒井信一 2008『空爆の歴史　終わらない大量虐殺』岩波新書
石田謙二 2005「ひと往来　核燃料再処理中止を訴える反核・平和活動家　田窪雅文さん」『長崎新聞』四月二〇日
伊藤明彦 2007『夏のことば　ヒロシマ　ナガサキ　れくいえむ』文藝春秋企画（自費出版）
伊藤政子ほか 2004『「劣化ウラン弾」ってなに?』劣化ウラン弾廃絶キャンペーン・東京
伊藤政子 2002「国境を超えて拡がる劣化ウラン兵器の被害と廃絶運動」『技術と人間』一・二月合併号
今井紀明 2004『ぼくがイラクへ行った理由』コモンズ
ウィルソン 1980『人間の本性について』岸由二訳、思索社
上野千鶴子 2006『生き延びるための思想』岩波新書
植村振作ほか 2002『農薬毒性の事典　改訂版』三省堂
エンゲルス、メアリー＝ルイーズ 2008（原著2005）中川慶子訳『反核シスター　ロザリー・バーテルの軌跡』緑風出版
大庭里美 2005『核拡散と原発』南方新社
嘉指信雄 2004「〈ヒロシマ発　日本政府への反論〉劣化ウラン兵器廃絶への道」『世界』五月号、岩波書店★
嘉指信雄 2005「抑圧された「劣化」ウラン兵器問題」『季刊軍縮地球市民』創刊号、六月、明治大学軍縮平和研究所
金関恕・春成秀爾編 2005『戦争の考古学（佐原真の仕事4）』岩波書店
鎌仲ひとみ・金聖雄・海南友子 2005『ドキュメンタリーの力』子どもの未来社・寺子屋新書
川名英之 2005『検証・カネミ油症事件』緑風出版
きくちゆみ 2003「ルポ　劣化ウランにNO！　アメリカ市民の闘い」『世界』五月号、岩波書店★
木村朗 2005「原爆投下問題への共通認識を求めて」『季刊軍縮地球市民』創刊号

木村朗 2006『危機の時代の平和学』法律文化社
楠山忠之 2004『結局、アメリカの患部ばっかり撮っていた』三五館
嚳田隆史 1988『枯れ葉作戦の傷跡』朝日文庫。元の単行本は『ベトナム枯れ葉作戦の傷跡』すずさわ書店、一九八二年。
小出裕章 1995「解説　無視され続けたウラン鉱山の危険」榎本益美『人形峠ウラン公害ドキュメント』北斗出版
国際行動センター 1998（原著1997）『劣化ウラン弾』日本評論社★
斉藤三夫 2004『物理学史と原子爆弾　核廃絶への基礎知識』新風舎
三枝義浩 2004『汚れた弾丸―劣化ウラン弾に苦しむイラクの人々』講談社コミックス★
坂田雅子 2008『花はどこへいった　枯葉剤を浴びたグレッグの生と死』トランスビュー
佐藤乙丸 2005「劣化ウラン弾について」『平和文化研究』第二七集、長崎総合科学大学平和文化研究所、三月
佐藤真紀 2006『戦火の爪あとに生きる　劣化ウラン弾とイラクの子どもたち』童話館出版
佐藤真紀編 2006『ヒバクシャになったイラク帰還兵　劣化ウラン弾を告発する』大月書店
進藤榮一 1999『戦後の原像　ヒロシマからオキナワへ』岩波書店
進藤榮一 2002『分割された領土　もうひとつの戦後史』岩波現代文庫
諏訪澄 2003『広島原爆　8時15分投下の意味』原書房
高谷清 2004「枯葉剤に侵されたベトナムで」『自然と人間』四月号
田城明 2003a『知られざるヒバクシャ　劣化ウラン弾の実態』大学教育出版
田城明 2003b『現地ルポ　核超大国を歩く』岩波書店
田中琢・佐原真 1993『考古学の散歩道』岩波新書
辰巳知司 1993『隠されてきた「ヒロシマ」　毒ガス島からの告発』日本評論社
槌田敦・藤田祐幸ほか 2007『隠して核武装する日本』影書房

ドゥ・ヴァール、フランスほか 2000『ヒトに最も近い類人猿　ボノボ』藤井留美訳、TBSブリタニカ
ドゥ・ヴァール 2005『あなたのなかのサル』藤井留美訳、早川書房
戸田清 1994『環境的公正を求めて』新曜社
戸田清 2003『環境学と平和学』新泉社
豊崎博光 2006「アメリカのヒバクシャ補償法成立過程」『えんとろぴい』57号（1984年ダイオキシン・放射線被曝退役軍人補償基準法について）
豊崎博光 2004「見えないヒバク—劣化ウラン弾使用・製造禁止の国際条約を」『軍縮問題資料』八月号
豊田直巳 2002「湾岸戦争後も続く苦しみ：イラクで出会った人たち」『朝日新聞』一一月一六日
豊田直巳 2002『写真集　イラクの子供たち』第三書館
中村梧郎 1983『母は枯葉剤を浴びた』新潮文庫
中村梧郎 1995『戦場の枯葉剤』岩波書店（写真集。ベトナム、米国、韓国）
中村悟郎 2005『新版　母は枯葉剤を浴びた』岩波現代文庫
日本国際ボランティアセンター 2003『カラー版　子どもたちのイラク』岩波ブックレット
野口邦和・矢ヶ崎克馬 2004「特別セッション　劣化ウランの放射線影響」『日本科学者会議第15回総合学術研究集会』
NO DU ヒロシマ・プロジェクト／ICBUW［ウラン兵器禁止を求める国際連合］編 2008『ウラン兵器なき世界をめざして　ICBUWの挑戦』嘉指信雄・振津かつみ・森瀧春子責任編集、NO DU ヒロシマ・プロジェクト発行、合同出版発売
野村修身 1999「劣化ウラン弾　恐怖の準核兵器」『月刊オルタ』六月号、アジア太平洋資料センター
白六郎 2004『マンガ版劣化ウラン弾　人体・環境を破壊する核兵器！』藤田祐幸・山崎久隆監修、合同出版★
原口知明 2004a「枯葉剤の原料は日本でつくられていた!?」『自然と人間』五月号
原口知明 2004b「日本の国有林にも枯葉剤が撒かれた！　林野庁版『枯葉作戦』の妄執」『自然と人間』

七月号
原口知明 2004c「日本で枯葉剤関連物質の人体実験が!」『自然と人間』九月号
ベトナムにおけるアメリカの戦争犯罪調査日本委員会 1967『ジェノサイド 民族みなごろし戦争』青木書店 ベトナムにおけるアメリカの戦争犯罪と日本の協力・加担を告発する東京法廷
原ひろ子 1989『ヘアー・インディアンとその世界』平凡社
伴英幸 2006『原子力政策大綱批判』七つ森書館
バーテル、ロザリー 2005(原書2000)『戦争はいかに地球を破壊するか』中川慶子ほか訳、緑風出版★
肥田舜太郎・鎌仲ひとみ 2005『内部被曝の脅威 原爆から劣化ウラン弾まで』ちくま新書2★
ヒューワット 1993、大和久泰太郎訳『現代の死の商人』保健同人社
藤田祐幸 2004「反劣化ウラン弾と反原発」『反原発新聞』二月号(三一一号)★
藤田祐幸 2008「広島反転攻撃と小倉煙幕作戦」『科学・社会・人間』一〇六号
ブラム、デボラ 2000、越智典子訳『脳に組み込まれたセックス』白揚社
プロクター 2003、宮崎尊訳『健康帝国ナチス』草思社
古市剛史 1999『性の進化、ヒトの進化 類人猿ボノボの観察から』朝日新聞社
本多勝一 2002『非常事態のイラクを行く』朝日新聞社
舟越耿一ほか 2001『これが平和学習だ!!』アドバンテージサーバー
ブラウ、モニカ 1988(原著1986)、立花誠逸訳『検閲1945―1949 禁じられた原爆報道』時事通信社
前田哲男 1997『戦略爆撃の思想 ゲルニカ―重慶―広島への軌跡』上下、社会思想社現代教養文庫
松岡完 2001『ベトナム戦争』中公新書
松木武彦 2001『人はなぜ戦うのか 考古学からみた戦争』講談社
松沢哲郎 2002『進化の隣人 ヒトとチンパンジー』岩波新書
御庄(みしょう)博実・石川逸子 2004『ぼくは小さな灰になって……あなたは劣化ウランを知っていますか?』西田書店★

宮田秀明 1999『ダイオキシン』岩波新書
無署名 2006「政治的発言の自粛を　長崎平和推進協　被爆語り部に要請」『長崎新聞』一月二一日
望月洋嗣 2005「コンゴ廃鉱からウラン盗掘　国連機関が調査開始」『朝日新聞』二月一〇日
森住卓 2002『イラク　湾岸戦争の子どもたち』高文研★
森住卓 2005『イラク　占領と核汚染』高文研★
モレ、ローレン・藤田祐幸 2003「劣化ウラン弾は明らかに大量破壊兵器です」『世界』一〇月号、岩波書店★
山上紘志ほか 二〇〇四「いま、イラクの子どもたちは」『月刊保団連』八二七号（臨時増刊号、二〇〇四年六月）、全国保険医団体連合会★　図表、カラー写真
山川剛 2008『希望の平和学』長崎文献社
山極寿一 2007『暴力はどこからきたか　人間性の起源を探る』NHKブックス
ランガム、リチャード他 1998、山下篤子訳『男の凶暴性はどこからきたか』三田出版会
劣化ウラン禁止ヒロシマ・プロジェクト 2003『劣化ウラン弾禁止を求めるヒロシマ・アピール』（日本語版、英語版、近日中にアラビア語版）
劣化ウラン研究会編 2003『放射能兵器劣化ウラン』技術と人間★
ロッキー、ダグ 2004「世代を超えて続く、イラクの劣化ウラン被害」TUP（平和をめざす翻訳者たち）監修『世界は変えられる　TUPが伝えるイラク戦争の「真実」と「非戦」』七つ森書館★
若木重敏 1989『広島反転爆撃の証明』文藝春秋
若桑みどり 2005『戦争とジェンダー』大月書店
和田正名 2002『ベトナム戦争と「有事」体制　実証・先行したアメリカのテロ』光陽出版社
綿貫礼子 1988『生命系の危機』社会思想社現代教養文庫（元の単行本はアンヴィエル1979）
綿貫礼子・吉田由布子 2005『未来世代への「戦争」が始まっている』岩波書店
Carson, Rachel 1962, *Silent Spring*（＝1974，青樹簗一訳『沈黙の春』新潮文庫）

Doyle, Jack 2004, *Trespass Against Us: Dow Chemical and Toxic Century*, Boston: Common Courage Press. ダウケミカルの枯葉剤、DBCP、シリコン、ボパール、石綿ほか

Draffan, George 2003, *The Elite Consensus*, The Apex Press

Griffiths, Philip Jones 2003, *Agent Orange: "Collateral Damage" in Viet Nam*, London: Trolley Ltd.

Le Cao Dai 2000, *Agent Orange in the Vietnam War: History and Consequences*（＝2004, 尾崎望監訳『ベトナム戦争におけるエージェントオレンジ』文理閣）　ベトナムの医学者の著書

Marie-Monique Robin 2008, *Le Monde selon Monsanto*, La Découverte.（邦訳は作品社近刊）

Schuck, Peter 1987, *Agent Orange on Trial: Mass Toxic Disasters in the Courts* Belknap Press.

SIPRI 1976, *Ecological Consequences of the Second Indochina War*（＝1979, 岸由二・伊藤嘉昭訳『ベトナム戦争と生態系破壊』岩波書店）

The Ecologist 1998, The Monsanto Files, *The Ecologist*, vol. 28, no. 5.（＝1999, 日本消費者連盟訳『遺伝子組み換え企業の脅威』緑風出版）

**【映像資料】**

アフガニスタン国際戦犯民衆法廷実行委員会制作 2004『ブッシュを裁こうPart 2　ブッシュ有罪』ビデオプレス、マブイ・シネコープ（大阪）発売。VHSビデオおよびDVD三五分

キーワード⇩民衆法廷、同時多発テロ、アフガニスタン侵攻、誤爆、空爆の思想、戦争犯罪、平和に対する罪（侵略の罪）、人道に対する罪、東京裁判、ニュールンベルク裁判、劣化ウラン弾、クラスター爆弾

同 2003『ブッシュを裁こう』ビデオプレス、マブイシネコープVHSビデオ三五分

アルジャジーラ 1999『劣化ウラン弾の嵐』日本語版、八〇分

キーワード⇩湾岸戦争、劣化ウラン兵器、白血病

イラクの子どもを救う会（大阪府吹田市） 2007『イラク　戦場からの告発』西谷文和撮影、DVDビデ

オ三二分、戦争あかんシリーズ2★

キーワード⇩劣化ウラン弾、クラスター爆弾、ハラブジャの悲劇（毒ガス）、湾岸戦争、イラン・イラク戦争、イラク戦争、戦争犯罪。

＊劣化ウラン問題とクラスター爆弾問題が同時にわかる。イラク戦争と湾岸戦争が同時にわかる。アメリカの犯罪とフセインの犯罪が同時にわかる。

イラクの子どもを救う会　http://www.nowiraq.com/

イラクの子どもを救う会 2008『ジャーハダ　イラク　民衆の闘い』DVD三六分

NHK 1998『湾岸戦争の子供たち』一月二五日放映、BS日曜スペシャル、六〇分

キーワード⇩湾岸戦争、湾岸戦争症候群、帰還兵、第二世代

NHK 1999『イラク　戦禍にみまわれた子供たち』三月一四日放映、BS日曜スペシャル、五八分

キーワード⇩湾岸戦争、劣化ウラン兵器、白血病、イラクの子ども

NHK 1999『ベトナムに生まれて　枯葉剤を浴びた村から』BS、二月一四日、五九分（フエ医科大学のニャン医師）

NHK・BS 2005『イラク劣化ウラン弾被害調査　ドイツ医師13年の足跡』一月四日放映、五〇分

キーワード⇩湾岸戦争、劣化ウラン兵器、白血病、イラクの子ども

NHK 2008『モンサントの世界戦略』前編、後編、BS、六月一四日（仏2008年、マリー・モニク・ロバン）

NHK 2008『ベトナム・枯葉剤のまかれた村　自転車で走れ、希望の星』BSドキュメンタリー「アジアの子どもたち」一〇月二九日、四九分

NCC 2005「テレビ朝日ザ・スクープスペシャル　終戦60年、ベトナム戦争終結30年特別企画　検証！終わりのない戦争　知られざる被害者たち」五月一五日放映

鎌仲ひとみ監督 2003『ヒバクシャ　世界の終わりに』DVD一一六分、グループ現代

キーワード⇩イラクの劣化ウラン被害、米国の核施設周辺農民の被害、日本の原爆被爆者

市民平和訴訟の会企画、ビデオプレス制作 1998『劣化ウランの恐怖』、三五分★ 日本語吹き替え（英語原題は、Metal of Dishonor, 米国、People's Video Network, 1997年）
嘉指信雄ほか 2002『〝悪の枢軸〟とは誰のことか？ 劣化ウラン弾とイラクの子どもたち』劣化ウラン弾禁止を求めるグローバル・アソシエーション ビデオ一三分★
キーワード⇩湾岸戦争、劣化ウラン兵器、白血病、帰還兵、イラクの子ども、経済制裁、構造的暴力、国家犯罪
日本平和委員会 2003『イラク戦争の真実 被害の実相とアメリカの戦略』日本電波ニュース社、一一五分
日本ベトナム友好連絡会議 2001「私たちはこんな姿で生まれたくなかった」VHSビデオ一三分
キーワード⇩イラク戦争、劣化ウラン兵器
NO DU ヒロシマ・プロジェクト制作 2005『知られざる劣化ウランの恐怖 イラクの子どもたちは、今』日本語版二三分、英語版二三分★
キーワード⇩劣化ウラン兵器、イラク戦争、白血病、小児癌、アサフ・ドラコビッチ博士
＊一本のビデオに日本語版と英語版を同時収録しているので、英語学習にも便利である。
ベトナム枯葉剤被害児支援の会（こぶた基金）2001『ベトナム戦争 枯葉剤被害 いまだ癒されない傷あと』VHSビデオ三〇分（電話・ファクス〇四二四－二三－五一八八）
劣化ウラン研究会企画、ビデオプレス 2006『ポイズン・ダスト 米軍による劣化ウラン汚染』DVD、三〇分
キーワード⇩劣化ウラン兵器、イラク戦争帰還兵、健康影響

# 補章 用語集

## 【事項】

●**アメリカ帝国**（American Empire）　皇帝も国王もいない米国がなぜ「帝国」なのか。軍事的な制圧、多民族支配、植民地支配、経済的優越性が帝国の規定であり、冷戦後の米国が比類ない軍事超大国であるからその世界支配を「帝国」と呼ぶのだと言われる（藤原帰一『デモクラシーの帝国』岩波新書、二〇〇二年）。ジョン・パーキンスは①支配する土地から資源を搾取する、②その人口規模に見合わないほど大量の資源を消費する、③外交が失敗したときに政策を強制できる強大な軍事力を有する、④その言語、文学、美術、文化の様々な側面を影響地域に広げる、⑤自国市民だけでなく他国の市民にも課税できる、⑥支配下の国にその通貨を強制できる、という六つの指標のいくつかを有するのが「帝国」だと指摘する（*The Secret History of the American Empire*, John Perkins, Dutton, 2007, p. 4-5）。①石油その他の資源を世界中から確保する、②米国は一人あたり資源消費が他国より非常に多い、③軍事超大国であり、世界の軍事費の半分近くを占める、④英語やマクドナルド食文化の支配力・影響力、⑤日本や中国に米国債を買わせたり、米軍への思いやり予算を出させる、⑥ユーロが台頭してきたがドルはなお基軸通貨であり、大債務国でありながら世界銀行・ＩＭＦの支配を受けないどころか、逆に世銀・ＩＭＦを支配している、という意味で、パーキンスの指摘は適切であろう。「アメリカ帝国」「アメリカ帝国主義」はもともと左翼用語であったが、冷戦終結後、「アメリカ帝国」を肯定的な意味で（「善意の帝国」）使う人々があらわれた。ブッシュ・ジュニア政権の登場後は、「アメリカ帝国」への反発が強まった。古矢旬『アメリカ 過去と現在の間』（岩波新書、二〇〇四年）の「第Ⅱ章 帝国」も参照。現代世界においては、アメリカ帝国というよりもむしろ、「アメリカを盟主とする集合的帝国主義（collective imperialism）」がグローバル・アパルトヘイトを維持しつつ覇権を確保している（栗原康『G8サミット体制とはなにか』以文社、二〇〇八年；*The Road to 9/11: Wealth, Empire, and the Future of America*, Peter Dale Scott, University of California Press, 2007. などを参照）と考えるべきではないだろうか。ウィキペディアにも「アメリカ帝国」の項目（日英仏、エスペラントほか）がある。

**●新しい社会運動** 労働運動と対比して、環境運動、女性運動、平和運動などを言う。

**●ウィキペディア** インターネット上の百科事典。グーグル検索でいつも上位に出てくるのはなぜだろう。ウィキペディアの内容は、項目によって出来不出来が激しい。私のウェブサイトでもたびたび引用しているがもちろん通読して信頼できるものに限定している。「マキラドーラ」や「パナマ侵攻」のように、英語ウィキペディアは充実しているのに日本語ウィキペディアは手抜きのものも少なくないので要注意。また論争的な項目は編集合戦になる。たとえば「女性国際戦犯法廷」は編集合戦が激しかったので、現在は保護中（書き換え停止）である。

**●宇宙の軍事化** 陸海空に加えて宇宙にも［宇宙からも］軍事的覇権を及ぼそうとする（軍事衛星に加えてミサイル、レーザー兵器、原子炉などを配備しようとする）米軍・米国政府の考え方。レーガン政権の戦略防衛構想（一九八三年）以来明言されている。宇宙平和利用条約（一九六七年）に反する疑いがある。日本でも二〇〇八年五月に宇宙基本法が制定されて宇宙の防衛目的軍事利用が一部解禁された。自民党は一九五七年以来「防衛目的の核兵器保有は合憲」との解釈をとっており、米国の「ミサイル防衛」も攻撃的要素を含むので、「防衛」は拡大解釈されるおそれがある。『グローバリゼーションと戦争：宇宙と核の覇権めざすアメリカ』藤岡惇（大月書店、二〇〇四年）などを参照。

**●エコ社会主義**（ecosocialism）　資本主義が環境破壊の根源にあることを認識し、ソ連型社会主義が人権や環境の面で資本主義の代案を提示できなかった理由を検討しつつ、民主的な社会主義のもとでの環境保全をめざす環境思想。メアリ・メラー、キャロリン・マーチャント、ジョエル・コヴェル、デヴィッド・ペッパー、ジョン・ベラミー・フォスター、アンドレ・ゴルツ、武田一博、いいだもも、佐々木力などに代表される。『自然の敵（仮題）』コヴェル、戸田訳（緑風出版近刊）などを参照。

**●エコデモクラシー**（ecodemocracy、エコ民主主義）　あまり聞かない言葉だが、グーグルで検索すると用例がある。私見では、環境正義や、英国で言う炭素［一人あたり排出］民主主義（carbon democracy）、エコ社会主義はこれに親和的な概念であり、エコファシズムはこれと対極的な概念である。技術で言えば、核（原子力）は危険であり（放射線被曝労働、日常的汚染、事故など）核兵器に転用できるので中央集権的でファシズムにつながりかねないとロベルト・ユンクらは指摘した。自然エネルギーは地域分散型であり、エコデモクラシーと親和的である。一六世紀に始まる近代世界システム（資本主義世界システム）はニュートンに代表される一七世紀科学革命を経て、近代技術が利潤追求および利潤追求の基盤整備（武力行使を含む）のために利用される傾向がある。近代技術を自然と共生し人間の福祉を高める方向で用いることがエコデモクラシーであり、誤解されるように「江戸時代に戻る」ことではない。一六世紀に始まる「近代［資本主義］世界システム」が過剰消費と汚染を通じて地球の限界と衝突したのが二〇世紀であり、ウォーラーステインが示唆するように二一世紀は「次の世界システム」への移行の時代と思われる。選択肢はエコデモクラシーとエコファシズムに大別され、どちらの方向に近づくかは、二一世紀前半の人類の行動に大きく依存するであろう。

**●エコファシズム**（ecofascism）　権威主義的・ファシズム的政治手法と環境保全を結びつけること。環境政策は環境保全を民主主義や人権と結びつけるべきであるから、「エコファシズム」と「開発至上主義」が反面教師となる。ナチス・ドイツは自然保護や労働衛生（石綿による肺癌、中皮腫の先駆的な労災認定）などで一部先進性を示すとともに、侵略戦争やユダヤ人虐殺を行った。ナチスは他方で菜食主義や自然農法などの弾圧・抑圧も行っているので、環境主義との関係は複雑である（『ナチス・ドイツの有機農業』藤原辰史、柏書房、二〇〇五年、『エコロジー』アンナ・ブラムウェル、森脇靖子ほか訳、河出書房新社、一九九二年、参照）。現在でも、強権的な人口抑制政策、強権的・命令的な消費・環境負荷削減、発展途上国を犠牲にした先進国の資源・環境確保（ギャレット・ハーディンの「救命ボート倫理」はそれに近いと批判された）など、エコファシズムの危険はあると思われる。なお一部の喫煙擁護論者は喫煙抑制政策自体が「禁煙ファシズム」であると主張しているようだ。ウィキペディア英語版の「エコファシズム」項目は中立性に問題があるとして注意表示がついている（独語、仏語などにはあるが日本語版にはこの項目はない）。

●**エコ・フェミニズム**（ecofeminism）　ジェンダー平等（男女平等）を強調する環境思想。ヴァンダナ・シヴァ、マリア・ミース、メアリ・メラー、キャロリン・マーチャントなどに代表される。

●**エコロジカル・フットプリント**（ecological footprint）　環境負荷や資源消費を面積に換算する手法で、カナダで開発された。世界中が大量消費の「アメリカ的生活様式」を採用するならば、「五・三個の地球」が必要になるという。『エコロジカル・フットプリントの活用』マティース・ワケナゲルほか、五頭美知訳（合同出版、二〇〇五年）などを参照。巨大な南北格差があるとともに、人類全体としても地球の環境容量を超えている（オーバーシュート）と推測されている。

エコロジカル・フットプリント・ジャパン　http://www.ecofoot.jp/

Global Footprint Network　http://www.footprintnetwork.org/

Ecological Debt Day　http://www.footprintnetwork.org/gfn_sub.php?content=overshoot

●**エコロジー的債務**（ecological debt）　地球は有限であるが、過去数百年に欧米諸国（過去百年は日本も）は、他地域の資源を安価で入手して大量消費（過剰消費）したり、環境汚染を引き起こしたりしてきた。欧米（と日本）以外の地域の人々の被害の一部はいくつかの仮定をおいて金銭評価することもでき（奴隷貿易や自然破壊など金銭で償えないことも多いが）、エコロジー的債務という。発展途上国は先進国に対して「経済的債務」を負っているとよく言われるが、先進国は発展途上国に対して「エコロジー的債務」を負っている。地球温暖化問題や「バイオパイラシー」（項目参照）がエコロジー的債務の例である。「エコロジカル・フットプリント」も関連のある概念である。またエコロジー帝国主義（ecological imperialism）の概念も参照されたい（『ヨーロッパ帝国主義の謎　エコロジーから見た一〇～二〇世紀』アルフレッド・クロスビー、佐々木昭夫訳、岩波書店一九九八年、『銃・病原菌・鉄』上下、ジャレド・ダイアモンド、倉骨彰訳、草思社、二〇〇〇年、『グリーンウェポン：植物資源による世界制覇』ルシール・ブロックウェイ、小出五郎訳、社会思想社、一九八三年）。エコロジー的債務は書名にもなっている（*Ecological debt: the health of the planet and the wealth of nations*, Andrew Simms, Pluto Press, 2005、必読）。エコロジー経済学の研究者として有名なホアン・マルチネス・アリエにもエコロジー的債務についての著書がある（*Ecological Debt vs. External Debt: A Latin American Perspective*, Joan Martinez-Alier, Universitat Autonoma de Barcelona, 1999.）米国は五〇年前には最大の債権国であったが、現在は経済的債務（financial debt; economic debt）において世界最大の債務国である。国際社会には、債務を返さなくてもふんぞり返っている国（米ドルは基軸通貨である）と、債務返済を督促され、世界銀行・ＩＭＦに内政干渉されていじめられる国々（累積債務を持つ発展途上国）がある。こうした二重基準（ダブル・スタンダード）も「グローバル・アパルトヘイト」の一例であろう。米国は経済的債務とエコロジー的債務の双方において世界最大の債務国である（*Ecological debt*, p. 53）。排出量取引（排出権取引）については、上記のシムズは「そもそも所有していないものを取引できるはずがない」とコメントする。現在世代の浪費や汚染が将来世代を困らせる（たとえば核廃棄物の長期管理を強制される）という意味では、私たちは将来世代に対して債務を負っているともいえる。つまり、先進国の現在世代は、第三世界と将来世代に対してエコロジー的債務を負っているのだろう。なお、ウィキペディアの英語版（注意表示つき）と仏語版には「エコロジー的債務」の項目がある。

http://en.wikipedia.org/wiki/Ecological_debt

**●エスペラント**（Esperanto）　一八八七年にユダヤ系ポーランド人医師ザメンホフが考案した民際語（国家権力を後ろ盾とする国際語ではない）。語彙はヨーロッパ語的（英語より仏語に近い）だが母音は日本語的であり、文法も簡便である。共通語として英語支配（英語帝国主義）へのオルタナティブとなりうる。

**●エントロピー経済学**　システム（地球生態系、生物、人間社会、機械など）が環境のなかで持続的に活動する［させる］ためには、活動に伴って生じるエントロピー（汚れ。廃物と廃熱）を物質循環によって処理する必要がある。物質循環によって処理できない廃物（放射性廃棄物など）を発生する活動は、将来世代への外部不経済（公害など）の押しつけである。こうした観点を取り入れて、経済学や社会学も再構築する必要がある。物理学者槌田敦、経済学者玉野井芳郎らによって一九八三年に設立されたエントロピー学会は、脱原発を掲げる唯一の学会である（環境社会学会も会員アンケートをとれば脱原発が大半だろう。しかし環境科学会会員や環境省職員のアンケートをとれば、原発容認が相当多いのではないだろうか）。『エントロピー』藤田祐幸・槌田敦（現代書館、一九八五年）、『循環の経済学』室田武・槌田敦ほか（学陽書房、一九九五年）、『「循環型社会」を問う』エントロピー学会（藤原書店、二〇〇一年）、『循環型社会を創る』エントロピー学会（藤原書店、二〇〇三年）、『弱者のための「エントロピー経済学」入門』槌田敦（ほたる出版、二〇〇七年）などを参照。

**●オルタナティブ**（alternatives）　いまの支配的な技術、社会システム、価値観などに代わるもの。代替案、代替モデルなどと訳される。持続可能な社会への転換のためには、石油文明（化石燃料過剰消費）と核文明（ただし「原子力は石油の缶詰」なので、核はウラン採掘から核廃棄物処理処分まで石油などに依存する）へのオルタナティブが必要である。それは自然エネルギー、適正消費、平等（環境正義）を基本とするものであろう。また私見では、政治経済システムとしての資本主義は格差・貧困・環境破壊・戦争をもたらすので、そのオルタナティブが必要である。オルタナティブとしてのソ連型社会主義は失敗したので、オルタナティブ社会の新しい構想（連帯経済など）が必要である。また、オルタナティブ社会への移行手法としてのレーニン主義（暴力革命、一党独裁）の失敗も明らかであり、オルタナティブ社会への移行方法のオルタナティブも必要である。環境運動の視点からのオルタナティブ論としては「エコとピースのオルタナティブ」の副題をもつ『戦争をやめさせ環境破壊をくいとめる新しい社会のつくり方』田中優（合同出版、二〇〇五年）などが必読である。

**核開発**（原子力開発）　核には atomic と nuclear があり、核兵器・生物兵器・化学兵器をかつては「ABC兵器」と呼んだが、最近は「NBC兵器」と呼ぶことが多い。日本では軍事利用を核（核兵器など）、民事利用（いわゆる平和利用）を原子力（原子力発電など）と言うことが多い。ただし軍艦でも「原潜（原子力潜水艦）」「原子力空母」という。「核潜」「核空母」とは言わない。だから核兵器を核、原子炉を原子力（原潜、原発）と呼ぶのが日本語の慣用なのかもしれない。政府・財界は「原子燃料」「原子燃料サイクル」という用語の定着をめざしたが、マスコミを含めて「核燃料」「核燃料サイクル」が定着してしまった。世界の原発保有国三一カ国のなかで、原発に加えてウラン濃縮工場、核燃料再処理工場を有するのは、核兵器保有国（公式の米、英、仏、露、中と非公式のイスラエル、インド、パキスタン、非公式途上の北朝鮮）のほかには日本だけであり、日本の特異性がわかる。ウラン濃縮はもともとウラン原爆（広島原爆）をつくるための装置であり、原子炉と再処理工場はもともとプルトニウム原爆（長崎原爆）をつくるための装置であった。ウラン二三八がプルトニウム二三九の原料なので、兵器級のプルトニウム（原子炉級プルトニウムと対比される）になりやすいものから順にあげると、劣化ウラン、天然ウラン、濃縮ウランである。原爆開発計画の原子炉（ハンフォード）では天然ウランを用いていた。日本の最初の原発である東海一号（一九六六～一九九八年）も英国から導入したコールダーホール型（マグノックス炉）で、天然ウランを用いていた。政府が一九九五年のナトリウム漏れ事故以来一四年ぶりの再開を意図している高速増殖炉（ＦＢＲ）もんじゅはブランケット燃料に劣化ウランを用いている。玄海原発をはじめとする軽水炉五五基は低濃縮ウランを用いる。ＪＣＯ臨界事故（一九九九年）の最大原因は、政府がＦＢＲ用に中濃縮ウランの加工を強要したことであった。原潜、原子力空母では高濃縮ウランを用いる。日本人はよく「核兵器はよくないが原発は必要だ」などと言うように核兵器と原発を対比させるが、対比すべきは「核兵器と原発」ではなくて、「核兵器と原子炉」である。核兵器は軍事利用、原発は民事利用、原子炉は軍民両用である。核兵器でさえ米国とソ連（当時）は民事利用（土木利用）を試みた。岸信介内閣は一九五七年に「自衛のための核兵器保有は合憲」と閣議了解したが、これはいまも撤回されていない。日本の潜在的核武装については、『隠して核武装する日本』槌田敦・藤田祐幸ほか（影書房、二〇〇七年）などを参照。加圧水型ＰＷＲ（関西電力、九州電力ほか）は原潜原子炉の応用であり、沸騰水型ＢＷＲ（東京電力、中部電力ほか）はプルトニウム生産炉の応用である。白血病などの労災認定は老朽化したＢＷＲに多い。核兵器は核反応を暴走させるものであり、原子炉は核反応を制御するものである。高レベル核廃棄物は一万年以上（米国政府の見解）監視せねばならないが、一万年後の日本政府や米国政府は果たしてどのような状態なのであろうか。六ヶ所再処理工場長は二〇〇八年にテレビ朝日の取材に答えて「一〇〇〇年の計で原子力に取り組む」と述べたが、一〇〇〇年後の人口は一〇〇〇年前の人口（平安時代は数百万人）より少ないと想定されるので電力需要は小さいはずだ。原発推進学者の発言で一番面白いのは『六ヶ所村ラプソディ』（鎌仲ひとみ監督、二〇〇六年）に登場した班目春樹（まだらめ・はるき）東京大学教授（原子力工学）の「原発は安心できない。不気味だから。せめて信頼してもらわないと」というものである。「信頼」の対象は「われわれ偉い学者」なのであろう。二〇億年ほど前にはアフリカにいわゆる天然原子炉があった。数十億年ないし一〇〇億年後には太陽の核融合反応が暴走していわゆる赤色巨星となり地球を飲み込む。

白血病労災認定（浜岡原発）の嶋橋伸之さんは工業高校出身であった。工業高専から長崎大学環境科学部への編入生にはときおり強硬な原発賛成派がいる。工業高校・工業高専の出身者は工学部の出身者よりも過酷な労働現場（下請け労働者の指揮監督など）におかれるであろう。それで、工業高校・工業高専では工学部以上に激しく、原発の安全性・必要性についての「洗脳教育」（マインド・コントロール）がなされているのではないだろうか?

国民に対する「洗脳教育」の筆頭は「地球温暖化対策のために原発を増やせ」という原発ルネッサンス・プロパガンダであろう。それへの反論としては、グリーンピース・ジャパンの『原子力は地球温暖化の抑止にならない』（二〇〇八年、PDFファイル三二頁、http://www.greenpeace.or.jp/campaign/enerevo/news/files/booklet.pdf）がわかりやすい。なおグリーンピースは日本のエネルギーを二〇五〇年までに段階的に「脱原発」させることを提言している。

グリーンピース・ジャパン著『エネルギー[r]eボリューション　持続可能な世界エネルギーアウトルック』（二〇〇八年、PDFファイル一〇〇頁）はグリーンピース・インターナショナルと欧州再生可能エネルギー評議会（EREC）が共同で作成した報告書の日本語版。次の申し込み頁に氏名、メールアドレスなどを記入して、送信後ダウンロードページに進む。https://www.greenpeace.or.jp/ssl/enerevo/enerevo_application_html

グリーンピース・ジャパン『エネルギー[r]eボリューション　日本の持続可能なエネルギーアウトルック要約版』（二〇〇八年、PDFファイル八頁）、http://www.greenpeace.or.jp/campaign/enerevo/documents/enerevo_japan_outlook

また原発とも一部関連するが、電力会社が推進する「オール電化」には問題点が多い。CASAの『環境面からみたオール電化問題に関する提言』（二〇〇八年六月）が必読。http://www.bnet.jp/casa/teigen/paper/080619all_denka_saisyuu.pdf

●**格差社会**　二〇〇六年頃から「格差社会」が流行語になったが、格差と貧困を同時に考える必要がある。格差というとき普通思い浮かべられるのは、**経済格差**（所得や資産の格差）であるが、**健康格差**（所得の低い人はうつになりやすい［英国］、アフリカ系は労働者は癌になりやすい［米国］など。『健康格差社会』近藤克則、医学書院、二〇〇五年など参照）、**環境格差**（原発は「僻地」に立地される、公害の被害が生物的弱者に集中する、社会的弱者有害廃棄物や放射能汚染の影響がアフリカ系や先住民に大きい［米国］など）も重大である。

**●カネミ油症**　一九六八年に福岡、長崎など西日本一帯で発生した食品公害で、森永ヒ素ミルク事件（一九五五年）とならぶ二大食品公害（化学性食中毒）。カネミライスオイルが原因食品。病因物質は当初PCBとされたが、一九八三年にむしろPCDF（ダイオキシン類）のほうが主要な病因物質であることがわかった。血中PCDF濃度が診定（認定）の基準に追加されたのはようやく二〇〇四年であり、皮膚症状を偏重する基準はそのままで、いまなお一万人を越える「未認定食中毒患者」がいる。さらに原告が最高裁敗訴を予想して取り下げたことから「国が被害者をいじめる」と言われる「仮払金返還問題」が発生したが、これは二〇〇七年の特例法でほぼ解決した。四大公害と違って教科書に出ないので、地元でも知らない人も多い。『カネミ油症　過去・現在・未来』カネミ油症被害者支援センター編（緑風出版、二〇〇六年）などを参照。

**●環境NGO／NPO**　グリーンピース（国際組織）、地球の友（国際組織）、シエラクラブ、気候ネットワーク、熱帯林行動ネットワーク、原子力資料情報室など、多くの団体がある。私のウェブサイトの「リンク集」を参照されたい。

**●環境思想**（ecological thought）　人間と自然、人間と人間の持続可能で公正な関係を模索するのが、環境思想であり、したがってエコファシズムやエコ権威主義は環境思想ではないと私は思う（たとえば、ギャレット・ハーディンなどは入れたくない）。各時代に登場した代表的な環境思想家を列挙することから始めよう。

二〇世紀前半：ジョン・ミューア、アルド・レオポルド、モハンダス［マハトマ］・ガンジー、田中正造、南方熊楠、宮沢賢治

一九六〇年代：レイチェル・カーソン、リン・ホ

ワイト、ポール・エーリック、宇井純、石牟礼道子

一九七〇年代：ドネラ&デニス・メドウズ、エルンスト・シューマッハー、マレイ・ブクチン、ロベルト・ユンク、エイモリー・ロビンズ、ヘレン・カルディコット、クリストファー・ストーン、ピーター・シンガー、ハーマン・デイリー、アンドレ・ゴルツ、ピエール・サミュエル、カークパトリック・セール、アルネ・ネス、ジェイムズ・ラブロック、エドワード・ゴールドスミス、高木仁三郎

一九八〇年代：ビル・マッキベン、ヴァンダナ・シヴァ、トム・レーガン、ポール・エキンズ、ルドルフ・バーロ、ブライアン・トーカー、キャロリン・マーチャント、ペトラ・ケリー、フリッチョフ・カプラ、ジョナサン・ポリット

一九九〇年代：ロデリック・ナッシュ、メアリ・メラー

二〇〇〇年代：ジョエル・コヴェル

たとえばロベルト・ユンク（1913-1994）はドイツ出身のジャーナリスト、オーストリア緑の党の重鎮で、ドイツ語圏屈指の環境思想家（特に核の軍事利用と商業利用についての透徹した考察）であり、主著二冊の邦訳があるにもかかわらず、日本での認知度が低いのは残念である。ウィキペディアを見ると、ドイツ語版と英語版では当然詳述されているが、日本語版では項目そのものがない。ユンクの主著は、『千の太陽より明るく　原爆を造った科学者たち』（原著：一九五六年、菊盛英夫訳：文藝春秋、一九五八年、平凡社ライブラリー：二〇〇〇年）、『原子力帝国』（原著：一九七七年、山口祐弘訳：アンヴィエル、一九七九年、社会思想社現代教養文庫：一九八九年）である。

●**環境社会学**（environmental sociology）　公害、環境破壊、環境改善などを社会的行為、社会集団、社会過程（紛争、協力、支配など）、社会構造、社会変動などの観点から研究する学問分野。戦前の日本の社会学は家族社会学と農村社会学が中心であった。戦後は都市社会学、産業社会学、逸脱行動の社会学、ジェンダーの社会学、労働の社会学、国際社会学、歴史社会学など様々な分野が登場した。環境社会学は一九六〇年代に飯島伸子らの公害・薬害研究として始まるが、環境社会学と

いう言葉や学会、教科書ができたのは一九九〇年代である。最近の教科書としては『環境社会学』嘉田由紀子（岩波書店、二〇〇二年）、『環境社会学』鳥越皓之（東京大学出版会、二〇〇四年）などがわかりやすい。嘉田は滋賀県知事（二〇〇八年現在）。社会学の教科書としては、『社会学』長谷川公一・浜日出夫・藤村正之・町村敬志（有斐閣、二〇〇七年、環境社会学の章あり）、『社会学をつかむ』西澤晃彦・渋谷望（有斐閣、二〇〇八年）などがわかりやすい。野村一夫の『社会学感覚』は「ソキウス」サイトで全文が公開されており、私のウェブサイトの「リンク集」やウィキペディアの「社会学」からリンクがある。

●**環境人種差別**（environmental racism）　米国で一九八〇年代初頭から使われている言葉。有害廃棄物処分場のアフリカ系、ヒスパニック系貧困層の多い地域の近隣への立地、ヒスパニック系農業労働者の農薬被害、先住民のウラン鉱山被害など、エスニック・マイノリティに環境被害が集中する状況を言う。

●**環境正義**（environmental justice）　人間と自然の関係から生じる受苦（公害病など）と受益（便利さなど）の分配が公平であること（分配的正義）、人間と自然の関係についての意思決定（鉱山開発などを行うか否か、どのような仕方で行うかなど）が民主的であること（手続き的正義）を求める運動（環境正義運動）や政策（環境正義政策）などが必要と思われる。公害の被害が社会的弱者（低所得層など）や生物的弱者（胎児、子ども、高齢者など）に集中すること（放射能汚染のように）、受益の少ない集団が多くの受苦を受けること（発展途上国は自動車台数が少ない割に交通事故死は多いなど）などの「環境不正義」がしばしば見られる。環境正義は、環境的公正とも言う。

●**環境難民**（environmental refugee; ecological refugee）　環境破壊に伴う難民。小規模島嶼国への海面上昇の影響などがよく知られるが、発展途上国に限らない。先進国でも資源開発に伴う環境汚染で移住を余儀なくされる人がいる。環境難民の人数は増加傾向にあり、政治的難民（戦争や迫害を逃れる）の人数を超えたと言われる（*Ecological Debt*, p. 148）。

●**9・11事件**　二〇〇一年九月一一日に米国の二

ユーヨーク世界貿易センターとペンタゴンで発生し三〇〇〇人以上の死者を出した事件。日本では「同時多発テロ」「米中枢同時多発テロ」などと呼ばれるが、事件の本質がテロ（多数説では一〇〇%アルカイダの犯行とされる）であるかどうかがまだ明らかでないので、中立的に「9・11事件」と呼ぶべきであろう。首謀者はオサマ・ビン・ラディンであるというのが多数説であるが、FBIのウェブサイトによればビン・ラディンは一九九八年テロ（ケニアとタンザニアの米国大使館へのテロ）の首謀者であり、9・11事件との関係は不明である。9・11事件の実行犯としては複数のアラブ人男性があげられている。米国政府の共犯を示唆する状況証拠が多数ある。したがって「首謀者不明、実行犯はおそらく複数のアラブ人男性、米国政府共犯の疑い」と要約される。今後の解明に待たねばならない。詳しくは、『9・11事件は謀略か』デヴィッド・レイ・グリフィン、きくちゆみ・戸田清訳（緑風出版、二〇〇七年）、『9・11事件の省察』木村朗編（凱風社、二〇〇七年）、『「WTC（世界貿易センター）ビル崩壊」の徹底究明』童子丸開（社会評論社、二〇〇七年）などを参照。なおチリのアジェンデ政権が転覆された事件（チリ軍部に米国政府と企業が協力）は一九七三年九月一一日に起こったので「もうひとつの9・11」と呼ばれる。

**●共有地（コモンズ）の悲劇**　米国の生物学者ギャレット・ハーディンが一九六八年に発表した論文のタイトル。共有牧草地に放牧する家畜の頭数を増やそうとする利己的な農民についての寓話。利益はすぐに得られ、個人に帰属するが、過放牧によるコストは長期的にあらわれ、みんなに分散するという点で、環境・資源問題（漁業の乱獲など）を考えるときのモデルとなる。しかし、本来の伝統的共有地はルールがあるので、これは共有地の悲劇というよりはむしろ「共有地の崩壊の悲劇」であろう。

**●クルマ社会**　自家用車とトラックに過度に依存する社会。二〇世紀以降の米国が典型。一九二〇年代の米国西海岸では鉄道が発達していたが、GMをはじめとする自動車企業・石油企業が一九三〇～一九五〇年代に鉄道を買収して路線を廃止し、自動車の売上げを伸ばした（『クルマが鉄道を滅ぼした：ビッグスリーの犯罪』増補版、ブラッドフォード・スネル、戸田清ほか訳、緑風出版、二〇〇六年、参照)。クルマ社会は石油浪費、大気汚染、交通事故の増加などをもたらす。この百年の世界の交通事故死累計は三〇〇〇万人だという(*Ecological Debt*, p. 126)。自家用車とトラックを抑制し、公共交通(鉄道、路面電車、バス、船舶など)を充実させること(および自転車などの活用)が望まれる。なお飛行機は環境負荷が大きいので、航空輸送の過剰発展は疑問である。

**●グローバル・アパルトヘイト**　グローバル・アパルトヘイトというのは、かつての南アフリカのアパルトヘイトのように「世界の人口の二割の富裕層が、世界の富の八割を独占しており、人口の八割を占める多数の人々が二割の富を分け合っている。富裕層が住む地域は基本的に『平和』であり、多数の貧困層が住む地域では犯罪、紛争が頻発する」というような状況のことである。「平和」な〈平和圏〉と紛争が多発する〈紛争圏〉はおおむね先進国と発展途上国に対応するが、先進国のなかにも壁と警備会社に守られた〈平和圏〉と、犯罪、暴力の頻発するスラム街のような〈紛争圏〉がある(君島)。書名にもなっている(*Unravelling Global Apartheid*, Titus Alexander, Polity Press, 1996 および *Global Apartheid*, Muhammed Asadi, Writers Club Press, 2003 の二冊は必読)。君島東彦は「地球社会の暴力」をグローバル・アパルトヘイト(構造的暴力としての南北格差)、パックス・アメリカーナ(米国の覇権に伴う諸問題)、そして9・11以後の対テロ戦争の三つに大別して説明した(『非武装のPKO　NGO非暴力平和隊の理念と活動』君島東彦編著、明石書店、二〇〇八年)。

**●グローバル化**　経済、政治、人権、文化などの領域で国境を越える展開や統合が進展すること。マクドナルド、スターバックス、トヨタなどの世界展開、英語の世界語化、国際貿易の基軸通貨としてのドルの優位とユーロの台頭、国連人権条約や環境条約の進展などはいずれもグローバル化の例である。グローバル化自体は善でも悪でもない。いかなる状況でいかなるグローバル化が人権、民主主義、環境などの視点から見て望ましいかが、個別に判断されねばならない。食糧流通のグローバル化(食糧の自由貿易、欧米の農産物輸出補助金など)は、フードマイレージを増大させ(環境負荷）、第三世界の小農民を苦しめることが多い。多くの市民団体は「米国政府主導、多国籍企業主導の新自由主義的な経済のグローバル化」に反対しており、マスコミは（時に市民運動家自身も）これを「反グローバル化」と呼ぶ。しかし「反グロ」という表現は誤解を招く。グローバル化に反対しているのではなく、ある種のグローバル化に反対し、別の種類のグローバル化を推奨しているからだ。「米国政府は経済のグローバル化に熱心だが、人権のグローバル化に消極的だ」（上村英明、二〇〇一年）。国連死刑廃止条約（一九八九年）が世界標準であるから、死刑を存置する日米やイラン、中国などは孤立している。トルコはEU加盟を望むため死刑を廃止した。私は英語支配に反対する。エスペラントがヨーロッパ語だから中立でないと言う人には、文字、語彙、文法で英語、日本語、アラビア語などから等距離にある言語を設計して見せてもらいたい。

**グローバル・コモンズ**　大気、海洋、生物などの人類の共有資源・環境は、とりわけ先進国の過剰消費によって傷つけられてきた。オゾン層保護条約や気候変動枠組み条約、海洋投棄規制条約、生物多様性条約などもグローバル・コモンズを保護する試みの例である。Global Commons Institute http://www.gci.org.uk/

**軍産複合体**　国家（政府、軍）と軍需産業・民間軍事会社の癒着構造。

**原発震災**　地震学者石橋克彦（一九七六年に東海地震説を発表。神戸大学教授）がつくった言葉。中越沖地震（二〇〇七年）での柏崎・刈羽原発被災が話題になったが、浜岡原発が東海大地震に見舞われたら、その百倍以上の惨事になるだろう。六ヶ所村再処理工場や高速増殖炉もんじゅなども活断層との関係で危険である。日本列島は地震の活動期と静穏期を交互に繰り返している。多くの原発がつくられたのは静穏期だが、一九九五年頃から活動期に入った。これからが正念場である。『原発震災―止めるのは私たち　つぎつぎと暴かれる、国・電力会社のウソ』（反原発運動全国連絡会、二〇〇八年）などを参照（反原発運動全国連絡会　http://www.hangenpatsu.net/）。ニュージーランドが原発を持たないのは、人口が少ない（電力需要が小さい）というのもあるが、日本と同じような地震大国（活断層大国）というのもあるだろう（NHKスペシャル「活断層大地震の脅威」二〇〇八年九月五日）。地震大国日本に五五基もの原発（世界の八分の一以上）がある。

**●原発被曝労働**　原発の定期点検や補修における被曝労働は圧倒的に下請け労働者に集中し、社員（九州電力や三菱重工など）の被曝は少ない。被曝労働者は三五万人を越え、原爆被爆者の人数を上回るようになった。原爆は「被爆」、原発や医療は「被曝」と書くが、原爆被爆のうち入市被爆（劣化ウラン被曝者の症状と似ている）はむしろ被曝に近い。一九九九年JCO臨界事故（原発でなく核燃料工場）での悲惨な急性症状は世間に衝撃を与えた。慢性症状では、白血病労災認定はまだ一〇人に満たず、アスベスト労災などと同様に欧米より捕捉率が低い（労災認定されるべき人が認定されていない）と思われる。被曝労働は、周辺住民の癌が増えた疑いとともに、「原発はクリーン」への反証である。『知られざる原発被曝労働』藤田祐幸（岩波ブックレット、一九九六年）、『敦賀湾原発銀座「悪性リンパ腫」多発地帯の恐怖』明石昇二郎（技術と人間、一九九七年）などを参照。欧米では原子炉閉鎖後の乳児死亡率減少データもある（『戦争をやめさせ環境破壊をくいとめる新しい社会のつくり方』田中優、合同出版、二〇〇五年、五〇頁）。

**●公害**　公害対策基本法（一九六七年）およびそれを引き継ぐ環境基本法（一九九三年）では、大気汚染、水質汚濁［日常用語では水質汚染］、土壌汚染、騒音、震動、悪臭、地盤沈下が公害とされる。何故か放射能は適用除外される（後述）。水俣病は水質汚濁を通じて生鮮食品が汚染されたので公害病であるが、カネミ油症は加工食品がいきなり汚染されたので、公害健康被害補償法の対象とならない。書名の「公害」は、『恐るべき公害』庄司光・宮本憲一（岩波新書、一九六四年）などが早い。熊本水俣病、新潟水俣病、イタイイタイ病、四日市喘息は四大公害病と言われる。

**●公害輸出**　先進国の企業活動によって発展途上国に環境汚染や自然破壊が生じること。有害廃棄物の越境移動に関するバーゼル条約（一九八九年採択、米国は二〇〇八年現在も未批准）などもそれへの対応である。なお、汚染物質を含む黄砂のように発展途上国から先進国へ越境する汚染もある。『日本の公害輸出と環境破壊』日本弁護士連合会公害対策・環境保全委員会（日本評論社、一九九一年）、『フィリピン援助と自力更生論：構造的暴力の克服』改訂新版、横山正樹（明石書店、一九九四年）、『環境的公正を求めて』戸田清（新曜社、一九九四年）などを参照。

**●公共圏**　フランクフルト学派の社会学では、近代社会を機能本位の目的合理性と効率・競争を重視し、権力と貨幣によって制御される「システム」と、コミュニケイティブな合理性と相互了解を重視し、言葉などによって制御される「生活社会」に分けてとらえ、「システムが生活世界を植民地化している」（ハーバーマス）と認識する。「システム」は、行政機構（国家、官僚制）と経済市場（経済社会、資本制）に、「生活世界」は、私生活圏（私的領域、小家族制）と公共圏（市民社会、ディスクルス［討議］制）に大別される（『公共圏という名の社会空間』花田達朗、木鐸社、一九九六年、一七二頁）。私見では、公的・共的（public・common）［A］か、私的（private）［B］か、という軸と、システム［C］か、生活世界［D］か、という軸の二つで分けたとき、ACが国家、ADが公共圏・市民社会、BCが市場経済、BDが家族である。大日本帝国憲法下の日本では、国家（特に軍部）と大企業が暴走して、戦争が続き、家族は国家に奉仕するものとされ、ジャーナリズムが国策に翼賛化し（特に戦時中）、市民社会による発言力や国家・企業への監視は弱かった。日本国憲法のもとでも、公共性の定義が国家に独占され、公害問題などの解決が異様に長引き（水俣病やカネミ油症のように）、無駄で環境破壊的な大型公共事業が止まらず（諫早湾干拓のように）、重要な政策も国家と大企業と一部学者［御用学者］が密室で決めて、議会や市民はあとで知らされる（原発推進のように）ことが少なくないと指摘されることが多い。公共圏を活性化する（公的事業の公共性について市民・住民が発言する、市民運動が活発化する、ジャーナリズムが国家・企業・専門家の行き過ぎをチェックする、対抗的な専門家の力を強めるなど）ことが、民主主義と環境保全のためには重要ではないかという議論がなされている。『環境運動と新しい公共圏』長谷川公一（有斐閣、二〇〇三年）などを参照。

**●構造的暴力**（structural violence）　加害の意

思がなくても社会の構造（制度や意志決定の仕組みなど）によって生命・健康・生活の質が損なわれることをいう。ヨハン・ガルトゥングが一九六九年に直接的暴力と対比して提示した概念。具体例としては、①世界銀行・国際通貨基金の構造調整プログラム（一九八〇〜一九九〇年代）による貧富の格差の拡大、乳幼児死亡率の増大、感染症の増加、②国連のイラク経済制裁（一九九〇〜二〇〇三年）による乳幼児・高齢者死亡率の増加、③煙草など有害商品の合法的販売による健康影響（煙草会社の目的は利潤追求であって、病気の生産ではない）、④水俣病、カネミ油症、原爆症などの厳しすぎる認定基準（水俣病の昭和五二年判断条件など）による救済の遅れ、⑤貧富の格差を拡大する新自由主義的経済政策、⑥薬害事件などで問題となる情報管理の不十分さ（地下倉庫にあった薬害肝炎の「四一八人リスト」など）などがあげられる。

暴力とは、人為的に生命・健康・生活の質が損なわれることであるから、天災（自然災害）は暴力ではない。しかし社会構造、社会過程によって天災が増幅されることは構造的暴力である。たとえば二〇〇四年一二月のスマトラ沖地震・インド洋大津波で二〇万人以上の死者が出た。インドネシアのアチェ州は被害がひどかった地域のひとつであるが、マングローブ林が豊かであれば被害はもっと少なかったであろう。マングローブ林が伐採されて、木炭が日本などに輸出された。伐採跡地にエビ養殖池が多くつくられた。米国人や日本人などがエビを大量に消費している。海岸部のマングローブ林の防災機能の低下が被害を拡大した。すなわち、発展途上国の木炭やエビを先進国に輸出する経済のグローバル化が天災を増幅したと言える（『エビと日本人 Ⅱ』村井吉敬、岩波新書、二〇〇七年、参照）。

**●効率と能率**　効率と能率は混同されることが多い。効率とは投入（資源）あたりの産出（仕事）であり、効率の追求とはエネルギー節約の追求である。自動車の燃費の改善（燃料一リットルあたりの走行距離の増大）や発電所の熱効率の改善はその例である。能率とは時間あたりの産出であり、能率の追求とは時間節約の追求である。蒸気機関（蒸気機関車）よりも内燃機関（自動車）のほうが熱効率はよい。原子力発電所のすべてと火力発電所の大半において、発電タービンは蒸気機関である。内燃機関式の効率のよい発電所（横浜など）では、熱効率は四割を超える。熱出力三〇〇万キロワットの原発で電気出力一〇〇万キロワットであれば、熱効率は三三％である（六七％の廃熱が捨てられる）。火力発電におけるコジェネレーション（熱電併給）は廃熱の利用であり、効率の改善である。原発の熱電併給（たとえば温排水を利用した魚の養殖）は実現していない。原発は炭酸ガスを出さないが（その前段のウラン濃縮工場は、大量の炭酸ガスを出す）、大量の廃熱を出すので、熱汚染（海洋温暖化）の原因になる。柏崎刈羽の七基の原発では、七度高い「暖かいもうひとつの信濃川」ができる。大量輸送、高速輸送、大量生産、大量破壊などは能率追求の例である。ファストフードやコンビニ、新幹線やリニア新幹線（エネルギー効率は悪い）などの「便利さ追求」はたいてい「能率の思想」である。資源浪費に依存する「アメリカ的生活様式」は資源生産性、持続可能性、公平性（有限の地球での浪費と貧困）の観点から見直しが必要であろう。日本のように世界中から食べ物を買いあさると、フード・マイレージやエコロジカル・フットプリントが増大し、効率（資源生産性）はかえって低下する。スローフードやスローライフは能率の思想への異議申し立てである。ミヒャエル・エンデの『モモ』（一九七三年）は能率至上主義の思想（時間節約中毒）を風刺するファンタジーである。効率と能率の対比については、『環境革命Ⅰ』山田國廣（藤原書店、一九九四年）、『エントロピーと地球環境』山口幸夫（七つ森書館、二〇〇一年）などの説明がわかりやすい。和英辞典ではどちらも efficiency のように思えてしまうが、とりあえず効率を thermal efficiency、能率を efficiency と訳しておこう。

●**御用学者**　公害・環境問題に限らず、大企業や政府の暴走を擁護したり助長したりする学者。多くの人は水俣病事件の清浦雷作教授（東京工業大学）や原発問題の班目春樹教授（東京大学）などを思い浮かべるだろう。班目教授の知名度があがったのは、映画『六ヶ所村ラプソディ』（鎌仲ひとみ監督、二〇〇六年）の功績のひとつである。

●**自然エネルギー**　再生可能エネルギー。ソーラー、風力、小規模水力（大型ダムは自然破壊的である)、バイオマス、潮汐、地熱など。

●**持続可能な社会**(sustainable society) 環境と調和した社会。人間と自然の関係においては、脱原発、化石燃料消費削減(低炭素社会)、自然エネルギー重視、資源・エネルギー消費削減、人口安定など、人間と人間の関係ではグローバルな貧困、格差是正などが少なくとも必要条件であろう。少なくとも今後一〇〇〇年のスパンで考える必要がある(『縮小文明の展望』月尾嘉男、東京大学出版会、二〇〇三年)。持続可能性(sustainability)の解説としては、『カサンドラのジレンマ』アラン・アトキソン、枝廣淳子監訳(PHP研究所、二〇〇三年)がわかりやすい。

●**社会的ジレンマ** 個人が自分自身にとって合理的な選択をする(たとえば便利さを追求する)と、社会全体としては非合理なことになってしまう(たとえば資源浪費や環境汚染が進む)メカニズムを言う。社会的ジレンマ論は社会学、社会心理学の様々な分野で用いられるが、環境社会学ではごみ問題や合成洗剤による水質汚染など日常生活の分析で威力を発揮する。

●**受益圏と受苦圏** 公共事業や営利事業が行われるときに、経済的利益などを得る受益者の集まりを「受益圏」、公害などを被る被害者の集まりを「受苦圏」という。たとえば原発は大都市圏に建ててはいけないことになっているが(「動く原発」である原子力空母は大都市の近くにも入港するが)、電力を大量消費する大都市圏や大企業の幹部・大株主などが受益権、原発事故の影響をまっさきに被る過疎地住民、危険な労働を負担する下請け被曝労働者、核廃棄物の管理を強制される将来世代などが受苦圏である。環境社会学では産業公害の分析などで有用性を発揮する。

●**消極的平和** 戦争がないこと。

●**新自由主義(ネオリベラリズム:ネオリベ)** 一九七三年のチリの軍事クーデター(ピノチェト将軍)、その後のサッチャー政権、レーガン政権、中曽根政権、日本では特に小泉政権から顕著になった政策思想。ハイエク、ミルトン・フリードマン(いずれもノーベル記念経済学賞を受賞)の経済思想をベースとする。よくケインズ主義と対比されるが、米国ではレーガン以降も「軍事ケインズ主義」(常に戦争を想定して軍需産業への巨額の発注を継続する)が維持されたことを言うまでもない。レーガンやブッシュ（子）の軍拡はむしろ軍事ケインズ主義を強化したのであるが、同時に新自由主義的な「戦争の民営化」（民間軍事企業の活用、食料や建設の外注など）も同時に進行した。新自由主義的政策は規制緩和、民営化、自己責任（障害者自立支援法による福祉の応能負担化、生活保護の老齢加算、母子加算廃止もその例）、累進課税の緩和（金持ち減税）、市場原理、競争促進などを主張し、「小さな政府」と言いながら軍拡を伴うことが多い。「市場原理主義」という表現は誤解を招くかもしれない。「必要」なときにはためらわずに国家が介入するからである。医療、福祉、環境などで悪影響を及ぼすと指摘する人が多い。タクシーの需要が増えないのに増車で運転手の所得が下がったとか、長距離バスの参入増加で価格破壊が起こり、事故が増えたなどが指摘される。労働者派遣法の規制緩和などで非正規雇用、不安定就労が増え、貧富の格差が拡大し、二〇〇六年には「格差社会」が流行語になった。貯蓄ゼロ世帯が四分の一を占めるなど、貧困が改めて問題になっている。長時間労働、残業代ゼロの「名ばかり管理職（偽装管理職）」問題もこうした社会状況のもとで起こったが、マクドナルド店長の東京地裁での勝訴（二〇〇八年一月）は多少の歯止めになるかもしれない。一九八〇～一九九〇年代に世界銀行、国際通貨基金が行った構造調整プログラム（SAP）では、感染症が増え、乳児死亡率が上昇した。『顔のない国際機関 IMF・世界銀行』北沢洋子・村井吉敬編（学陽書房、一九九五年）、『悪夢のサイクル』内橋克人（文藝春秋、二〇〇六年）、『新自由主義』デヴィッド・ハーヴェイ、渡辺治監訳、森田成也ほか訳（作品社、二〇〇七年）、『新自由主義の嘘』竹内章郎（岩波書店、二〇〇七年）、『新自由主義の犯罪「属国ニッポン」経済版2』大門実紀史（新日本出版社、二〇〇七年）、『生きさせろ！ 難民化する若者たち』雨宮処凛（太田出版、二〇〇七年）、『もうガマンできない！ 広がる貧困 人間らしい生活の再生を求めて』宇都宮健児・猪股正・湯浅誠編（明石書店、二〇〇七年）、『反貧困』湯浅誠（岩波新書、二〇〇八年）、『フランスジュネスの反乱』山本三春（大月書店、二〇〇八年）、『軋む社会』本田由紀（双風舎、二〇〇八年）などを参照。また、「反貧困ネットワーク」

などのサイトを参照。略して「ネオリベ」ということも多い。日本や英米がネオリベに走るのに比べて、北欧などは福祉国家の堅持に努力している。新自由主義の説明としては、栗原康『G８サミット体制とはなにか』（以文社、二〇〇八年）が一番わかりやすい。単なる「市場原理主義」ではなく、格差が拡大するので治安対策の強化が「必要」になり、グローバル企業の展開を支援するために武力行使が「必要」となる。カリフォルニア州の予算に占める比率では、一九七〇年には教育三一％、刑務所四％だったのに、二〇〇五には教育一二％、刑務所一〇％になったという（*The Road to 9/11: Wealth, Empire and the Future of America*, Peter Dale Scott, University of California Press, 2007, p. xii）。日本の新自由主義政策（中曽根政権以降）は、財界の要望（長期蓄積能力活用型・高度専門能力活用型・雇用柔軟型に労働者を分けることを求める一九九五年の日経連『新時代の日本的経営』が最も有名）や米国政府の要望（『年次改革要望書』など）に応えて行われてきた。

**●生活環境主義**　環境社会学の項目で紹介した鳥越や嘉田らが一九八〇年代に琵琶湖周辺での地域住民と水のかかわりの調査から提示した環境社会学や環境政策の方法論で、近代技術主義（近代技術に信頼をおく）や自然環境主義（自然環境の保護を最優先）を相対化し、当事者や居住者の認識を重視して、生活とのかかわりで持続可能な社会や身近な自然（里山など）の保全のあり方を考える。

**●世界システム論**　世界システム論は、米国の社会学者・歴史学者イマニュエル・ウォーラーステイン（一九三〇年生まれ）が一九七〇年代に提唱した理論である。マルクス経済学やフェルナン・ブローデルの歴史学の影響を受けている。各国を独立した単位として扱うのではなく、世界という視座から近代世界の歴史を考察する。世界システムは必ずしも地球全域を覆う必要はなく、一つの国・民族の枠を超えているという意味で「世界」システムであり、新大陸の「発見」以前にも存在した。中央・周辺・半周辺の三要素による分業であり、政治的統合を伴う「世界帝国」または政治的統合を伴わない「世界経済」の形態をとってきた。一六世紀に欧州に資本主義の誕生とともに成立した「近代世界システム」は、世界帝国へ移行することなく政治的に分裂したまま存続している。近代世界システムの覇権国は一九世紀の英国から二〇世紀の米国に移行し、現代世界（二〇世紀後半以降）はグローバル資本主義と「米国を盟主とする集合的帝国主義」によって構成される。異議申し立てとして出発したはずのソ連型社会主義は世界システムの一部を越えることなく、崩壊した。日本は近代世界システムの外部にあったが、江戸時代末に半周辺としてシステムに参入し（植民地化されなかったので「周辺」となることを免れた）、権威主義的な近代化（富国強兵）で中心に上昇する過程で多くの歪みをもたらし、敗戦によって半周辺に戻った。戦後は米国に従属しつつ、再び中心（経済大国）に上昇した。一九六八年頃から近代世界システムは危機の時代に入り、資源・環境危機、格差と貧困の問題などから、持続困難となっている。現代は、近代世界システムから次のシステムへの移行の時代（数十年にわたる）であると思われる。二二世紀には成立しているはずの次の世界システムが、人権・平等・環境などの観点から見て、近代世界システムより良いものとなるのか、さらに悪いものとなるのか、それは私たちの世代の努力にかかっているであろう。ウォーラーステインの著作は、『史的システムとしての資本主義』（川北稔訳、岩波書店、一九九七年）をはじめとして邦訳も多い。

**石油ピーク（ピークオイル）**　二〇世紀前半には米国が世界最大の産油国であった。シェル石油のキング・ハバートは一九五六年に、米国の石油産出量は一九七〇年頃にピークに達してその後は減少すると予測して、嘲笑された。しかしその予測通りになった。二〇〇八年現在世界の石油ピークはすでに到来しているか、遅くとも二〇二〇年頃までには到来するとの予測が有力である。石油文明を揺るがす事態である。『石油ピークが来た』石井吉徳（日刊工業新聞社、二〇〇七年）などを参照。

**積極的平和**　戦争と構造的暴力（飢餓、貧困、格差、差別、環境破壊など）がないこと。

**戦争**　戦争の基本的な必要条件は人口圧力と階級社会であろう。人口急増をもたらしたのは農業革命と産業革命である。人口圧力は資源争奪の争いを起こす要因になる。殺す、殺されるは誰でもいやである。富と権力の格差の拡大、命令する人とされる人の関係の確立が戦争には必要である。現在の米国でも戦場に送られるのは主に貧乏人である。世界では古代文明（メソポタミア、エジプト、中国、インド）の成立とともに戦争が始まった。日本では縄文時代に戦争はなく、弥生時代に稲作とともに戦争が大陸から伝来した（『人はなぜ戦うのか』松木武彦、講談社、二〇〇一年）。人類の歴史七〇〇万年（類人猿との分岐以降）、現生人類（ホモ・サピエンス）の歴史二〇万年と比べると、戦争の歴史は世界で約八〇〇〇年、日本で約二〇〇〇年であるからわずかである（戦争は本能ではない）。ヒト以外では、戦争類似行為（男集団同士の殺し合い）が見られるのはチンパンジーだけである。なお、本格的な自然破壊（大型動物の絶滅、農業による土壌劣化などに始まる）は現生人類以降である。

**●ソーシャル・エコロジー**　アナーキズムの影響を受けた環境思想。マレイ・ブクチンが提唱。広い意味ではエコ社会主義に含まれる。欧米ではよくディープ・エコロジーとソーシャル・エコロジーが対比されるが、日本ではソーシャル・エコロジーの知名度が低い。ところで、グローバル化に反対する運動。「反グローバル運動」という言葉は誤解を招くので避けたほうがよい）にもアナーキズムの影響は小さくない。

**●大量破壊兵器**（WMD）　国連人権小委員会は、一九九六年と一九九七年の決議で、代表的な大量破壊兵器として、核兵器、生物兵器、化学兵器（以上がABC兵器あるいはNBC兵器）、劣化ウラン兵器、クラスター爆弾、ナパーム弾、燃料気化爆弾をあげている。米国はこれらのすべてまたは大半を実戦で使用した実績がある。もちろん「平凡な爆弾」でも大量に使えば大量破壊兵器になることは言うまでもない。

http：//www.bintjbeil.com/E/un/960904_du.html

http：//prop1.org/2000/du/resource/000310un.htm

**●脱原発**　原発を減らし、なくしていくこと。日本では発電設備容量の二割、発電電力量の三割（九州電力では四割）を占めているので、数十年をかけて段階的に行う必要がある。二一世紀には原発のない社会になっているであろう。六ヶ所再処理工場長は二〇〇八年に「千年先を考えて原子力を」と述べたが、千年後は、千年前（二〇〇八年は『源氏物語』千年である）よりも人口が少ないと予想されるので、電力需要も小さいであろう。一九七〇年代前半の原発は老朽化【高経年化】がすすんでいるが、日本列島が地震の活動期に入ったこともあわせて考えると、大丈夫だろうか（『まるで原発などないかのように　地震列島、原発の真実』原発老朽化問題研究会編、現代書館、二〇〇八年、参照）。

●**煙草による放射能汚染**　鉄鉱石や銅鉱石と違って、ウラン鉱石にはウランがわずかしか含まれていない。そのため一〇〇万kW原発を一年間運転するためには二〇〇万トンもの鉱物を処理しなければならない。海水に含まれるウランの量はウラン鉱山より多いが、濃度が薄いので採算がとれない。リン鉱石にはウランが比較的多く含まれる。煙草はリン酸肥料を大量消費する作物であり、煙草煙にはウラン二三八の崩壊産物（娘核種）であるポロニウム二一〇が含まれる。ポロニウム二一〇は喫煙者の肺ガン、喉頭癌の原因のひとつである。ポロニウム二一〇はまた、ロシアの元情報将校リトビネンコが暗殺されたときの凶器としても話題になった。ポロニウムという名称は、キュリー夫人の母国ポーランドにちなんでいる。WHOや日米中厚生官庁などの推定によれば、喫煙関連疾患による年間死者は世界で約五〇〇万人、中国で約一〇〇万人、米国で約四五万人、日本で約二〇万人である。飢餓や煙草（構造的暴力）で死ぬ人は戦争・凶悪犯罪（直接的暴力）で死ぬ人より多い。有機栽培煙草ならよいと言う人がいるが、ポロニウム二一〇、ダイオキシン、ニトロソアミンなどの問題は解決されても、有害性の半分以上は残るだろう。三大煙草会社（フィリップモリス、ブリティッシュ・アメリカン・タバコ、JT）の力が強いので、有機煙草のシェアは僅少（自己満足）にとどまるだろう。米国厚生省が一九八〇年代から指摘しているように煙草は麻薬である。精神医学では喫煙習慣をニコチン依存症と言う。麻薬としての煙草は、アヘンやコカインよりましだが、大麻やマリファナより悪質だろう。

●**ダブルスタンダード**（double standard）　二重基準。たとえば、原発は危険なので人口の多い地域に設置できない（過疎地差別）。玄海町には設置できるが、隣の唐津市には設置できないし、ましてや佐世保市にはできない。ところが原発より危険な米海軍の原子力潜水艦、原子力空母が佐世保、横須賀に寄港することは許される。日本政府は米国政府の要望に迎合する方針だからである。原発は原子炉に低濃縮ウランを装荷し、原潜・空母は原子炉に高濃縮ウランを装荷する。別の例をあげよう。米国政府は親米国家の核兵器を容認するが（イスラエル、インド）、反米国家の核兵器は容認しないし（イラン、北朝鮮）、地域大国でない親米国家に対しても厳しい（パキスタン）。また、二〇〇四年の水俣病関西訴訟最高裁判決以降も環境省が昭和五二年判断条件を固持しているので、「司法と行政の二重基準」がいつまでも放置されている。

**●直接的暴力**　戦争、殺人、強姦、拷問のように、加害の意志をもつ行為によって生命・健康・生活の質が損なわれることをいう。

**●低炭素社会**　地球温暖化をおさえるために炭酸ガスの排出（化石燃料の消費）をおさえた社会。環境省の想定では原発推進が前提となっている。

他方、グリーンピース・ジャパンは二〇五〇年頃までの脱原発を、東京大学の山本良一教授は二〇七〇年頃までの脱原発を想定している。つまりいずれも二二世紀は原発のない社会だと考えている（『温暖化地獄　脱出のシナリオ』山本良一、ダイヤモンド社、二〇〇七年、グリーンピースについては前掲二〇〇八年レポート）。

**●ディープ・エコロジー**　人間中心主義の克服を強調する環境思想。アルネ・ネスが提唱。

**●デジタル公害**　携帯電話など電子機器による環境問題（基地局の電磁波問題やパソコン廃棄物の有害物質など）、健康問題（電磁波の健康影響など）、社会問題の総称。『デジタル公害』懸樋哲夫（緑風出版、二〇〇八年）がわかりやすい。

**●NIMBY**（Not in my backyard：ニンビー：「自分の裏庭［近所］につくられるのはいやだ」）米国でできた言葉。いわゆる迷惑施設（ごみ焼却炉、最終処分場、原発など）に反発する地域住民の意識や行動を言う。日本では人口密集地に原発を立地してはいけないことになっており、「東京に原発を」は大都市の地域エゴを皮肉った警句である。『NIMBYシンドローム考　迷惑施設の政治と経済』清水修二（東京新聞出版局、一九九九年）などを参照。NIABY（Not in anybody's backyard：「どこにもつくるな」）という言葉もある。

**●農産物輸出補助金**　欧米諸国は補助金によって安くした農産物によって発展途上国の市場に進出し、現地の小農民を困らせる。エルサルバドルでは小規模コメ農家が多数離農したが、自給率の再上昇は困難で、食料高騰のなか農村部で飢餓が広がっている。鈴木宣弘東大教授はこうした欧米の政策を「攻撃的な農業保護」と呼んだ（NHKスペシャル「世界同時食料危機①」二〇〇八年一〇月一七日）。

**●バイオ燃料**　バイオエタノールやバイオディーゼルで走る車が増えている。穀物が食糧・飼料から燃料へ流れ「八億人のクルマが二〇億人の食糧を奪う」などと言われる。カーボンニュートラルなので地球温暖化対策になるが、日本がインドネシアやマレーシアなどでアブラヤシを開発輸入したら輸送による環境負荷が問題になるだろう。Stefan Maul（高名なエスペランチスト）は、「二〇〇六年には米国のトウモロコシの一一％が燃料用だったが二〇〇七年には二〇％になり、二〇〇八年には三一％になる見通しだ。中世には穀物の三分の一が燃料用［輸送機関である馬の飼料］だったが……」と述べた（*Monato*, marto 2007, p. 7)。「新しい中世」が来るのだろうか。食糧と競合しないバイオマス資源を燃料にすべきだ。また、石油大量消費をバイオ燃料大量消費に置き換えるのは無理だろう。エネルギー浪費構造の見直しが必要である。NGOの政策提言として、「持続可能性に配慮した輸送用バイオ燃料利用に関する共同提言」（FoE Japan ほか、二〇〇七年）が出たので参照されたい。http://www.foejapan.org/forest/doc/doc_recmndbiofuel.pdf『バイオ燃料　畑でつくるエネルギー』天笠啓祐（コモンズ、二〇〇七年）および同題のアジア太平洋資料センター（PARC）ビデオを参照。なお、エネルギー問題全般の入門書としては、『エネルギー危機からの脱出』枝廣淳子（ソフトバンククリエイティブ、二〇〇八年）、『エネルギーと環境の話をしよう』西尾漠（七つ森書館、二〇〇八年）がわかりやすい。

**●バイオパイラシー**（biopiracy）　先進国の大企

業が発展途上国の生物資源を安価もしくは無料で入手し、加工で特許などの付加価値をつけて途上国に高価で売りつけること。『バイオパイラシー：グローバル化による生命と文化の略奪』ヴァンダナ・シヴァ、松本丈二訳（緑風出版、二〇〇二年）などを参照。

**●被害構造論**　飯島伸子がスモン薬害などの研究から、被害補償は健康被害（病気そのもの）に限定されることなく、生活全般（労働や家事、人間関係、生活設計、生活水準、家庭生活、地域社会、患者差別など）に公害・薬害などが及ぼす影響の構造を、聞き取りなどを通じて解明すべきだとして提唱した考え方。『環境社会学』飯島伸子編（有斐閣、一九九三年）第4章などを参照。もちろん被害構造だけでなく加害構造（経済成長中心主義、企業城下町における力関係、審議会のあり方、基地公害の背景にある対米従属、国際社会における先進国・大企業の過大な影響力など）の分析も重要である。

**●フード・マイレージ**　食糧を輸入するときの重量と輸送距離を掛け合わせたもの。日本は世界中から大量の食糧を輸入しているのでフード・マイレージが大きく、輸送に伴う環境負荷・資源消費も大きい。『フード・マイレージ　あなたの食が地球を変える』中田哲也（日本評論社、二〇〇七年）などを参照。

**●フリースタイル分娩**　近代医学の産婦人科では、一七世紀フランスに始まる仰臥位分娩（分娩台の上で仰向け）が支配的である。これは重力に逆らうので必ずしも合理的ではないと、産婦人科医の大野明子は自らの出産体験もふまえて指摘し、小児科医のロバート・メンデルソン（米国人男性、故人）も同意見であった。ミシェル・オダン（産科医、フランス人男性）の「水中出産」のような古典的な例もあるが、最近日本の産科医院でも「フリースタイル分娩［フリースタイル出産］」を取り入れるところが増えている。立ち産、座産（しゃがみ姿勢）、四つんばいなど、妊婦が産みやすい姿勢で分娩するよう介助することである。開業助産師の場合はフリースタイル分娩が普通のようだ。欧州では伝統的には分娩椅子だった。日本は座産が多かった。歴史的経緯については、『環境学と平和学』戸田清（新泉社、二〇〇三年）4章3節、『お産椅子への旅　ものと身体の歴史人類学』長谷川まゆ帆（岩波書店、二〇〇四年）、『子どもを産む』吉村典子（岩波新書、一九九二年）などを参照。『分娩台よ、さようなら』大野明子（メディカ出版、一九九九年）は必読。フリースタイル分娩の現状については、明日香医院（産科）、バースハーモニー（助産院）などのウェブサイトを参照。親愛産婦人科のウェブサイトでは「立位」「あおむけ」「横向き」「四つんばい」での「赤ちゃんの通る道」を図解しており、大変わかりやすい。

明日香医院（東京、大野明子医師） http://www.bh-asuka.jp/

バースハーモニー（横浜、斉藤純子助産師） http://www.birth-harmony.com/

親愛産婦人科（兵庫県姫路市）産科、助産師・看護師より、フリースタイル分娩 http://www.sinai.gr.jp/sanka/freestyle_bun-ben.html

産婦人科ナビ フリースタイル出産 http://www.sanfujinka-navi.com/link-freestyle.htm

●**プルトニウム・ロンダリング** マネーローンダリング（money laundering；不正資金の合法化、不正資金浄化、資金洗浄。不正・違法な手段で手に入れた金をある金融機関に預け入れて、そこから他の金融機関へ送金することにより出所を隠すこと）をもじって、藤田祐幸（物理学）は、高速増殖炉が原子炉級プルトニウムを核燃料として消費しつつ、核兵器級プルトニウムを大量生産することをプルトニウム・ロンダリングと呼んだ。

●**文化的暴力** 直接的暴力や構造的暴力を正当化する言説（「学問」「政府見解」など）。一九八〇年代にガルトゥングが第三の暴力概念として提示した。ナチスの反ユダヤ主義、新自由主義政策を正当化する新古典派近代経済学（特にハイエク、フリードマンなど）、米国政府のブッシュ・ドクトリン（先制攻撃、予防戦争を正当化）、煙草の害から目をそらす言説（煙草無害論、煙草有益論、禁煙ファシズム論など）、劣化ウラン兵器は通常兵器であるという主張、イラク経済制裁（当時）は（特に子供たちが）かわいそうだが仕方ないという言説、などが代表的なものであろう。

●**放射能汚染の所管** 環境基本法（一九九三年制定）には「第一三条（放射性物質による大気の汚染等の防止）放射性物質による大気の汚染、水質の汚濁及び土壌の汚染の防止のための措置については、原子力基本法（昭和三十年法律第百八十六号）その他の関係法律で定めるところによる。」という規定がある。これは公害基本法（一九六七年）から引き継がれたもので、日本の環境省は環境汚染を所管するが放射能汚染を所管できない。欧米などと違うところである。循環型社会形成推進基本法（二〇〇〇年）の第二条（定義）にも「廃棄物」は「放射性物質及びこれによって汚染された物を除く」とある。廃棄物処理法清掃法（一九七〇年）の第二条（定義）の「廃棄物」も同様である。環境影響評価法（環境アセスメント法、一九九七年）の第五二条（適用除外等）も「この法律の規定は、放射性物質による大気の汚染、水質の汚濁（水質以外の水の状態又は水底の底質が悪化することを含む。）及び土壌の汚染については、適用しない。」としている。このような適用除外があるのは、放射能汚染を所管するのが文部科学省および経済産業省（旧称では科学技術庁と通産省）だからである。原発の環境アセスメントでは、環境省所管のアセスは放射能を評価できないが、経済産業省所管のアセスでは放射能を評価できる。しかし経済産業省は原発の推進官庁なので、規制と推進の利益相反（conflict of interests）があろう。法学者や弁護士は、日本の環境法には環境基本法体系と原子力基本法体系があると指摘する（『環境法入門』吉村良一・水野武夫編、法律文化社、一九九九年）。厳格な縦割り行政の例としてはほかに、野生生物がある。環境省は日本列島の野生生物を所管するが、海洋生物を所管できない。それでクジラ類は水産庁のレッドリスト（絶滅のおそれある生物のリスト）に出ている。しかしジュゴンは二〇〇七年に環境省のレッドリストにも掲載された。

**●暴力**　人為的に生命・健康・生活の質などが侵害されることを暴力という。加害の主体と意志が明確なのが直接的暴力（戦争、殺人、強姦など）、社会構造がもたらすのが構造的暴力（間接的暴力ともいう。格差、貧困、飢餓、環境破壊など）、暴力を正当化する言説などが文化的暴力である。したがって老衰死や自然災害は暴力ではない。ただし自然災害の影響が社会構造（格差、不平等、防災対策の手抜き、防風林の伐採など）によって増幅される場合は、自然災害と構造的暴力の複合現象である。また自然災害の混乱のなかで殺人や略奪などが発生すれば、自然災害と直接的暴力の複合現象（たとえば関東大震災後の朝鮮人・中国人・社会主義者虐殺）である。ヨハン・ガルトゥングは、平和の反対は戦争ではなく、「平和の反対は暴力（その頂点が戦争）である」と一九六九年に指摘した。戦争の不在を消極的平和、戦争と構造的暴力の不在を積極的平和という。

**ボノボ**（bonobo）　ピグミーチンパンジーとも言う。絶滅危惧種。コンゴ民主共和国に住む。チンパンジー（コモンチンパンジー）と別種であるとわかったのは一九二九年。人類との共通祖先と分岐したあとで、チンパンジーとボノボは分岐した。ボノボはチンパンジーよりほっそりしているが、小さくはない。男性優位で粗暴なヒトやチンパンジーと違って、ボノボは女性の地位が高く温厚である。知性の面でヒトが万物の霊長なら、道徳性の面ではボノボではないか。ボノボは一万人くらいしか残っていないようだ（チンパンジー一〇万人、ヒト六六億人）。鏡のテストに合格する動物はヒト、チンパンジー、オランウータン、イルカ、シャチ、アジアゾウだという。サル目（霊長目）の分類において、ヒトと絶滅人類（ネアンデルタール人、北京原人、猿人など）はヒト科だが、大型類人猿（チンパンジー、ボノボ、ゴリラ、オランウータン）についてはヒト科に入れるかオランウータン科とするか、学者の意見が分かれている。

**緑の党**　環境政策に力点をおく政党。一九七〇～九〇年代にドイツをはじめとする欧州諸国に広がった。大陸欧州諸国や欧州議会では共産党や緑の党の勢力がかなり強く、国会議席などを持っているが、米国では保守二大政党（共和党、民主党）の影で劣勢である。米大統領選には緑の党からラルフ・ネーダーが出馬した。英国の状況も米国に近い。ドイツ緑の党は一九八三年に連邦議会進出、一九九八～二〇〇五年には社会民主党と連立政権を組み、脱原発・風力発電・炭酸ガス削減などに力を入れた。日本には緑の党はまだない。

**水俣病**　チッソの水俣工場（熊本県）から有機水銀の排出が始まったのは一九三二年頃であり、海の食物連鎖を通じて生物濃縮が起こり、一九四一年頃から人、魚、鳥、猫などに水俣病（メチル水銀による化学性食中毒）が起こったとみられる。

水俣病の公式発見は一九五六年、水俣湾の魚介類が原因食品とわかったのは一九五七年、有機水銀が病因物質とわかったのは一九五九年、政府が公害病と認めたのはようやく一九六八年である。一九六五年には新潟水俣病（原因企業は昭和電工）が発見された。食中毒としての水俣病のほかに、胎盤経由の胎児性水俣病がある。一九七一年（大石武一環境庁長官時代）の認定基準は適切であったが、一九七七年（石原慎太郎長官時代）に改悪された（昭和五二年判断条件）。二〇〇四年の水俣病関西訴訟最高裁判決にもかかわらず、環境省は二〇〇八年現在も昭和五二年判断条件の見直しを頑なに拒否している。「環境学の専門家」のなかにも、昭和五二年判断条件見直しの必要性を理解していない人は少なくない。いまなお三万人を越える「未認定食中毒患者」がいる。水俣病については、『医学者は公害事件で何をしてきたのか』津田敏秀（岩波書店、二〇〇四年）、『水俣病事件四十年』宮澤信雄（葦書房、一九九七年）、『水俣病事件と認定制度』宮澤信雄（熊本日日新聞社、二〇〇七年）、『水俣への回帰』原田正純（日本評論社、二〇〇七年）などが重要文献である。

●**民間軍事会社**（PMC：Private Military Company）　軍需産業の仕事と一部重なるが、基本的には二〇世紀に始まり、湾岸戦争以降の戦争の民営化（軍の仕事の一部の民間委託）に伴って興隆した業種（米、英、南アフリカなど）。ブッシュ政権のチェイニー副大統領がCEOを勤めていた石油施設関連企業ハリバートン社（および子会社KBR）が米軍の給食費、洗濯費、給水などをたびたび水増し請求や手抜き作業（その過程で細菌汚染などにより社員や米軍人の生命・健康も害した）したこと、米海軍特殊部隊の将校が退役後創設したブラックウォーター社（警備など担当）が二〇〇七年九月にバグダッドで誤射により民間人一七人を殺害したことなどが、大きなスキャンダルになった（それぞれ朝日新聞二〇〇三年一二月二〇日と二〇〇七年一〇月一一日に特集記事）。アフガニスタンのカルザイ大統領の警備や、アブグレイブ刑務所の尋問（イラク人虐待事件で話題）もPMCが関与している（していた）。政府からの天下りも多い。『対テロ戦争株式会社』ソロモン・ヒューズ、松本剛史訳（河出書房新社、二〇〇八年）、『戦争サービス業』ロルフ・ユッセラー、下村由一訳（日本経済新聞社、二〇〇八年）などを参照。『IRAQ for Sale 戦争成金たち』（ロバート・グリーンウォルド監督、二〇〇六年・アメリカ、カラー、七五分、DVD、日本語版は人民新聞社［大阪］）は必見。

**●民衆法廷**　戦争犯罪などの国家犯罪（とりわけ超大国の犯罪）について、既存の権力法廷（国家法廷、国連法廷）が放置するときに、犯罪事実に既存の国際法や国内法（侵略の罪、人道に対する罪、戦争犯罪、ジェノサイド禁止条約、拷問禁止条約など）を適用するとどのような結論になるかを、法律家（弁護士、法学者など）や科学者（専門家証人）、市民が裁判形式で討議する平和運動・人権運動の一形態。既存の権力法廷の関係者がボランティア参加することもある。被告の政府高官はふつう欠席するので、アミカス・キュリエ（法廷助言者）が被告を代弁する。ラッセル法廷（ベトナム戦争）、クラーク法廷（湾岸戦争）、女性国際戦犯法廷、アフガニスタン国際戦犯民衆法廷、イラク国際戦犯民衆法廷、原爆投下を裁く国際民衆法廷などがある。民衆法廷にはもちろん強制力はないが、権力法廷も強制力があるとは限らない。たとえば国際司法裁判所で米国政府はニカラグア政府に敗訴したが（一九八六年）、判決に従わなかった。『民衆法廷入門』前田朗（耕文社、二〇〇七年）などを参照。なお、米国の高名な政治哲学者ジョン・ロールズも、東京大空襲、広島・長崎原爆投下、ドレスデン大空襲などは連合国の戦争犯罪であったと指摘した。

**●六つのR**　リフューズ（refuse：拒否する）要らないものを作らない・使わない。兵器やアヘン・煙草など。

リデュース（reduce：減らす）過剰に使わない。自動車・航空機など。

リユース（reuse：再使用する）何度も使う。リターナブル瓶、紙の裏面利用、マイ箸など。

レンタル（rental：借りる）自動車、自転車、家電製品など。

リペア（repair：修理する）自動車、自転車など。

リサイクル（recycle：資源再生利用）古紙やアルミなど。

日本では優先順位の一番低い（環境負荷の大きい）リサイクルがあたかも循環型社会の代名詞のようになっている。

**予防原則** (precautionary principle)　有害性が完全に証明されてからでは手遅れになるので、早めに手を打とうという考え方。有害物質を安全と誤認すれば（見逃し）健康被害が生じるが、安全な物質を有害と誤認すれば（早とちり）規制された企業に経済的損失が生じる。お金より命が大事である。こうしたことから一九七〇年代の欧州でこの考え方が広がってきた。『レイト・レッスンズ：14の事例から学ぶ予防原則：欧州環境庁環境レポート2001』欧州環境庁編、松崎早苗監訳（七つ森書館、二〇〇五年、必読）などを参照。他方、刑事裁判では真犯人の見逃し（見逃し）よりも無実の人に刑を科す（早とちり）ほうが重大であるとして（冤罪刑死の場合を想像せよ）、推定無罪原則（合理的な疑いの余地がない程度まで有罪と立証されるまでは無罪と推定する）が掲げられてきた。推定無罪原則は、フランス人権宣言（一七八九年）九条で初めて定式化され、世界人権宣言（一九四八年）一一条でも明文化されている。私は九条と聞くと日本国憲法と仏人権宣言を想起する。日本では予防原則を軽視し（有害物質の規制が後手に回る）、推定有罪が横行する（刑事裁判の異様に高い有罪率、逮捕後の犯人視報道など）ことはないであろうか。

**予防戦争** (preventive war)　脅威が存在するときの「先制攻撃」と違って、脅威の「予想」に基づいて行う戦争。ブッシュ・ドクトリン（二〇〇二年）で正当化されたと言われる。もちろん国際法違反であろう。

**リスク社会**　チェルノブイリ原発事故（一九八六年）をきっかけにドイツの社会学者ウーリッヒ・ベックがつくった言葉。富や権力の配分に加えて、リスクの配分のあり方も問われるようになる社会を言う。なお地球社会のリスクを年間推定死亡者数で見た場合、飢餓・貧困（一〇〇〇万人以上。毎日三万人の子供が死亡）、煙草病（五〇〇万人）、エイズ（三〇〇万人）、環境汚染（数百万人）、戦争・テロ（数十万人）、交通事故（数十万人）、遺伝子組み換え作物（あるとしても僅少）というような順番になるであろう。

**レジーム・チェンジ**（体制転換・政権転覆）　第二次世界大戦後の米国は、たびたび直接（軍事侵攻により）あるいは間接（軍事クーデター支援などにより）に外国政府を転覆した。代表的な例として、下記がある。
一九五三年　イラン・モサデク政権（アイゼンハワー政権が英国とともにクーデターを支援）
一九五四年　グアテマラ・アルベンス政権（アイゼンハワー政権がクーデターを支援）
一九六五年　インドネシア・スカルノ政権（ジョンソン政権がスハルトらのクーデターを支援）
一九七三年　チリ・アジェンデ政権（ニクソン政権がピノチェトらのクーデターを支援）。もうひとつの九月一一日。
一九八三年　グレナダ・革命軍事評議会（レーガン政権が侵攻）
一九八九年　パナマ・ノリエガ政権（ブッシュ父政権が侵攻）
一九九一年　ハイチ・アリスティド政権発足後まもなく（ブッシュ父政権がクーデターを支援）
二〇〇一年　アフガニスタン・タリバン政権（ブッシュ子政権が侵攻。現在はカルザイ親米政権）
二〇〇三年　イラク・フセイン政権（ブッシュ子政権が侵攻。現在はアラウィ親米政権）
レジーム・チェンジの失敗例として、キューバ（ケネディ・ジョンソン政権時代）とニカラグア（レーガン政権時代）がある。朝鮮戦争（トルーマン政権）とベトナム戦争（ケネディ・ジョンソン・ニクソン政権時代）はレジーム・チェンジの試みというよりも親米政権の支援であった。キューバの「反米政権」は現在も存続しており、有機農業・医療などで国際的に高い評価を得ている。ニカラグアの「反米政権」（サンディニスタ政権）は米国支援の反政府ゲリラとの内戦に苦慮したがもちこたえ、一九八六年には国際司法裁判所（ICJ）で米国に勝訴したが、一九九〇年の選挙に敗れて保守政権にゆずった。二〇〇七年にオルテガは大統領に返り咲いたが、新自由主義政策を強要されつつ、米国の圧力に抵抗している。レジーム・チェンジについては、ノーム・チョムスキー（岡崎玲子訳）『すばらしきアメリカ帝国』（集英社、二〇〇八年）第3章などを参照。上記九件のうち八件はたまたま共和党政権である（末尾の数字に三が多いのも偶然である）。では民主党は温厚なのか？　史上有数の国家犯罪である原爆投下が民主党トルーマン政権によるものであったことを忘れてはいけない。また、共和党ブッシュ父政権が使い始めた劣化ウラン兵器（湾岸戦争）は、民主党クリントン政権も使った（ユーゴ空爆）。他方、ベトナムの侵攻（一九七八年）によってカンボジアのポル・ポト政権が崩壊したこと（一九七九年）もレジーム・チェンジの一例であるが、フランソワ・ポンショー神父の『カンボジア・ゼロ年』（一九七七年、邦訳は北畠霞訳、連合出版、一九七九年）などによってクメール・ルージュ（ポル・ポト派「共産党」）の虐殺行為は早くから知られていたので、人道的に利益の大きい介入であったとの指摘がある。

**●劣化ウラン兵器**（depleted uranium weapon; uranium weapon）　核兵器（原爆、水爆）と違って爆風や熱は通常兵器並みであるが、放射能汚染をもたらす兵器。タングスタンや鉛で強化した砲弾より貫通力が大きく安価である。燃焼したウランの粉末の吸入により内部被曝が起こると思われる。主に米軍が実戦使用してきた（イラクで一九九一年と二〇〇三年、旧ユーゴスラビアで一九九五年と一九九九年、アフガニスタンで二〇〇一年）。米軍による使用量は、放射性原子の数で単純比較すると広島・長崎の一万倍になる（被害が一万倍という意味ではない）。戦時における劣化ウランは直接的暴力（建物や戦車の破壊効率を高め、人を殺傷する）であるが、戦後永久に残る影響（ウラン二三八は半減期四五億年）は構造的暴力である（小児白血病をつくるために使ったのではないが、未必の故意［白血病の多発は十分に予想できた］であるとは言える）。劣化ウランはウラン濃縮過程の副産物（廃棄物）であるが、減損ウラン（使用済み核燃料から抽出）を混ぜて「より危険な劣化ウラン」（プルトニウム混じり）がつくられることもある。クラスター爆弾と同様に、禁止条約を求める動きが広がっている。劣化ウランの非軍事利用として、飛行機の翼のおもり（禁止された）、高速増殖炉のブランケット燃料（もんじゅは二〇〇九年運転再開予定）などがある。

# あとがき

米国では、ブッシュ政権の「悪夢の八年間」がようやく終わった。バラク・フセイン・オバマの新政権が大いなる期待の中で発足したが、手放しで安心はできない（『週刊金曜日』二〇〇九年一月一六日号、『オバマの危険』成澤宗男、金曜日、二〇〇九年、『オバマ　危険な正体』W・タープレイ、太田訳、成甲書房、二〇〇八年、参照）。イスラエルのガザ攻撃（国際法違反の劣化ウラン弾、クラスター爆弾、白リン弾使用）に対してオバマ氏が沈黙を守ったことに疑問は残る。グリーン・ニューディールで自然エネルギーや省エネにより雇用を生み出すことは期待できるが、他方で原発業界とのつながりもあるようだ。他方日本では、この間、小泉、安部、福田、麻生と変わってきた。

**軍事大国主義と新自由主義**（戦争、格差と貧困、環境破壊）の克服は、依然として世界と日本の主要な課題である。企業エコノミストでさえも、資本主義が一六世紀に始まって以来の大転換の時代だと指摘している（『金融大崩壊』水野和夫、NHK生活人新書、二〇〇八年）。近代世界システムが次のシステムに代わる移行期ではないだろうか。今回の金融・経済危機は「処方箋」を見つけるのが難しそうだ（今宮謙二「ゆきづまった資本主義の実態」『月刊全労連』二〇〇九年一月号、『資本主義はなぜ自壊したのか』中谷巌、集英社インターナショナル、二〇〇八年、『金融危機の資本論』本山美彦・萱野稔人、青土社、二〇〇八年、『科学・社会・人間』一〇七号の河宮信郎論文［二〇〇九年］、参照）。

格差を温存したまま底上げをはかろうとすれば（底上げはたいていかけ声に終わって過剰消費と貧困の併存が続くが）、経済成長にこだわるしかなく、有限な地球のなかで人間活動はますます過剰になる。平等化をすすめ、経済成長幻想を克服するしかない。

本書の出版にあたり、『ナガサキで平和学する！』（高橋眞司・舟越耿一共編の共著、二〇〇九年）に引き続いて、法律文化社編集部の小西英央さんにお世話になった。また内容面で多くのみなさんにご教示いただいたことが反映されている。深く感謝したい。誤りがあればもちろん私の責任である。

本書は私の三冊目の単著である。献辞を述べておきたい。『環境的公正を求めて』（一九九四年）はマリー・ルイズ・ベルネリ、『環境学と平和学』（二〇〇三年）はルイズ・ミッシェルに対するものであった。本書は、ダニエル・ゲラン（一九〇四〜八八年）、向井孝（一九二〇〜二〇〇三年）、栗原貞子（一九一三〜二〇〇五年）にささげるものとしたい。

二〇〇九年二月

被爆地長崎にて　戸田　清

# 初出一覧

第1章　環境・暴力・平和「環境・平和・暴力」唯物論研究協会編『唯物論研究年誌第一三号　平和をつむぐ思想』七五〜九九頁（青木書店、二〇〇八年九月）

第2章　「環境正義と現代社会」『環境思想・教育研究』創刊号、四〜一〇頁（環境思想・教育研究会、二〇〇七年一一月）

第3章　「水俣病事件における食品衛生法と憲法」『長崎大学総合環境研究』八巻一号、二三〜三八頁（長崎大学環境科学部、二〇〇六年二月）

第4章　「『米国問題』、米国のシェア、『9・11事件の謎』を考える」『社会運動』二〇〇八年一月号（三三四号）、五〇〜六三頁（市民セクター政策機構）および「アメリカ的生活様式を考える」総合人間学会編『総合人間学2　自然と人間の破壊に抗して』（学文社、二〇〇八年）三七〜四九頁

第5章　「原爆投下を裁く国際民衆法廷・広島」『長崎平和研究』二二号、五六〜六四頁（長崎平和研究所、二〇〇六年一〇月）

第6章　環境と平和をめぐる論考

Ⅰ　原爆アンケート　長崎大学ほかで実施

Ⅱ　「劣化ウラン弾の問題をどう学習するか」第三一回全国平和教育シンポジウム（二〇〇四年八月二八〜二九日　会場：長崎大学）

Ⅲ　ベトナム枯葉作戦　書き下ろし

Ⅳ　「霊長類と暴力」『ナガサキコラムカフェAGASA』四号、四四〜四五頁（二〇〇六年一一月）

Ⅴ　「煙草問題を考える」『ナガサキコラムカフェAGASA』三号、五六〜五七頁（二〇〇六年六

月）

## Ⅵ　書評

▼『アース・デモクラシー　地球と生命の多様性に根ざした民主主義』……『図書新聞』二八四一号（二〇〇七年一〇月一三日）
▼『アメリカの政治と科学　ゆがめられる「真実」』……『週刊金曜日』六六一号（二〇〇七年七月六日）「きんようぶんか・読み方注意！」
▼『ウラン兵器なき世界をめざして　ICBUWの挑戦』……『岡本非暴力平和研究所ニューズレター　非核・非暴力・いのち・平和』一巻二号（二〇〇八年七月）
▼『隠して核武装する日本』……『長崎平和研究所通信』四四号（二〇〇八年一月）
▼『環境問題はなぜウソがまかり通るのか』……『週刊金曜日』六六八号（二〇〇七年八月三一日）「きんようぶんか・読み方注意！」
▼『公害被害放置の社会学　イタイイタイ病・カドミウム問題の歴史と現在』……『長崎平和研究所通信』四六号（二〇〇八年七月）
▼『5万年前　このとき人類の壮大な旅が始まった』……『長崎平和研究所通信』四五号（二〇〇八年四月）
▼『すばらしきアメリカ帝国』……『長崎平和研究所通信』四七号（二〇〇八年一〇月）
▼『世界がキューバ医療を手本にするわけ』……『長崎平和研究所通信』四六号（二〇〇八年七月）
▼『切除されて』……『図書新聞』二八二八号（二〇〇七年七月七日）および『長崎平和研究所通信』四二号（二〇〇七年七月）
▼『宝の海を取り戻せ　諫早湾干拓と有明海の未来』……『長崎平和研究所通信』四六号（二〇〇八年七月）

▼『「WTC（世界貿易センター）ビル崩壊」の徹底究明　破綻した米国政府の「9・11」公式説』……『長崎平和研究所通信』四四号（二〇〇八年一月）

▼『中国汚染「公害大陸」の環境報告』……『長崎平和研究所通信』四六号（二〇〇八年七月）

▼『光市事件裁判を考える』……『長崎平和研究所通信』四七号（二〇〇八年一〇月）

▼『光市事件　弁護団は何を立証したのか』……『長崎平和研究所通信』四七号（二〇〇八年一〇月）

▼『非武装のPKO　NGO非暴力平和隊の理念と活動』……『長崎平和研究』二六号一三一〜一三四頁（長崎平和研究所、二〇〇八年一〇月）

▼『民衆法廷入門　平和を求める民衆の法創造』……『長崎平和研究所通信』四五号（二〇〇八年四月）

▼『「闇の奥」の奥　コンラッド・植民地主義・アフリカの重荷』……『長崎平和研究所通信』四二号（二〇〇七年七月）

補　章　用語集　書き下ろし

高橋眞司・舟越耿一編

ナガサキから平和学する！

A5判・二六〇頁・二三一〇円

最後の被爆地である長崎から「平和」を多角的に考えるための平和学入門書。戦後の軌跡とグローバルな同時代性を座標軸として、被爆・戦争・差別・責任・多文化共生・環境など長崎の独自性をふまえた主題を設定し、論究する。

ジェニファー・クラップ／ピーター・ドーヴァーニュ著・仲野修訳

地球環境の政治経済学

―グリーンワールドへの道―

A5判・三三八頁・三六七五円

地球環境問題への様々なアプローチを整理し、比較検討する。市場自由主義者や生物環境主義者などの主要なアプローチの位相と対峙に政治経済学の視点から迫ることにより、解決に向けての最善な視座と手立てを模索する。

郭洋春・戸﨑純・横山正樹編

環境平和学

―サブシステンスの危機にどう立ち向かうか―

A5判・二六二頁・二一〇〇円

生存のための自然環境・社会基盤（＝サブシステンス）崩壊の危機に有効に立ち向かう理論として脱開発主義・サブシステンス志向の環境平和学を提唱する。深刻化する諸問題の解決のために新たな分析ツールの必要性を訴える。

ヨハン・ガルトゥング／藤田明史編著

ガルトゥング平和学入門

A5判・二四二頁・二六二五円

ガルトゥングの平和理論の概念装置を体系的に提示し、その実践方法である「紛争転換」について概説。また、同理論的立場からテロをめぐる言説、東アジアの平和構想、平和的価値創造、非合理主義批判などを検討する。

◎著者紹介

戸田　清（とだ　きよし）

1956年大阪生まれ。

大阪府立大学，東京大学，一橋大学で学ぶ。日本消費者連盟職員，都留文科大学ほか非常勤講師などを経て，現在，長崎大学環境科学部教授。

［専門］環境社会学，平和学。博士（社会学）。獣医師（資格）。

［著書］『環境的公正を求めて』（新曜社，1994年），『環境学と平和学』（新泉社，2003年）。共著，訳書，論文などについては，本書巻末の著訳書リストおよび次のウェブサイトを参照。http://todakiyosi.web.fc2.com/

2009年３月25日　初版第１刷発行

環境正義と平和
―「アメリカ問題」を考える―

著　者　戸　田　　清

発行者　秋　山　　泰

発行所　株式会社　法律文化社

〒603-8053 京都市北区上賀茂岩ヶ垣内町71
電話 075(791)7131　FAX 075(721)8400
URL:http://www.hou-bun.co.jp/



印刷：共同印刷工業㈱／製本：㈱藤沢製本
装幀　奥野　章
ISBN 978-4-589-03166-2

# 事項索引

## あ 行



## か 行



## さ 行

た　行



な　行



は　行



ま　行



や　行



ら　行

# 人名索引

## あ　行



## か　行



## さ　行



## た　行



## は　行

## ま 行



## や 行



## ら 行



## わ 行

資料－1　**新聞社説の比較**

ウィキペディアによると，読売新聞は発行部数世界最大の新聞（1000万部以上）だそうである。周知のように親米保守路線で，読売憲法改正試案でも話題になった。かつての社長正力松太郎（1885～1969。東京帝大法科卒。警察官僚，A級戦犯指名後に不起訴，読売社主，衆議院議員，初代科学技術庁長官，読売復帰）が原発導入に政治家としてメディアとして尽力したことはよく知られる。他方，リベラルの朝日新聞は800万部，毎日新聞は400万部と言われる。水俣病と原発について社説の論調を比較してみた。

**表1　水俣病についての新聞社説の比較**（2004年最高裁判決以降）

| 昭和52年判断条件の見直しに積極的な社説 | 昭和52年判断条件の見直しに消極的な社説 | 備　考 |
|---|---|---|
| 「水俣病判決　国の怠慢が裁かれた」『朝日新聞』2004年10月16日<br>「水俣病最高裁判決　行政の不作為もう許されない」『毎日新聞』2004年10月16日<br>「水俣病認定　環境省は基準を見直せ」『朝日新聞』2004年12月20日<br>「水俣病認定　小池環境相の出番だ」『朝日新聞』2005年10月4日<br>「水俣病認定　基準を改めるのが先だ」『朝日新聞』2006年3月20日<br>「水俣病認定　基準を改めるしかない」『朝日新聞』2006年9月25日<br>「水俣病認定　環境省は逃げるな」『朝日新聞』2007年5月4日 | 「水俣病判決　半世紀を要した行政責任の認定」『読売新聞』2004年10月16日では認定基準問題への言及がなく，「水俣病救済策　これで終止符を打つべきでは」『読売新聞』2007年10月29日でも認定基準の見直しには否定的である。 | 昭和52年判断条件の問題点については，津田2004，戸田2006，宮澤2007を参照 |

| | | |
|---|---|---|
| 「水俣病救済策　全面解決にはならない」『朝日新聞』2007年11月25日<br>「水俣病救済　二重基準の放置いつまで」『朝日新聞』2008年12月８日 | | |

資料：戸田ウェブサイト「授業資料」の「水俣病」から作成（http://todakiyosi.web.fc2.com/lecture/minamatalec.html）

『朝日新聞』『讀賣新聞』の記事本文は長崎大学附属図書館ウェブサイトの「データベース」の「新聞」から検索した。『毎日新聞』は長崎大学図書館所蔵の縮刷版による。


［文献］

津田敏秀，2004，『医学者は公害事件で何をしてきたのか』岩波書店

戸田清，2006，「水俣病事件における食品衛生法と憲法」『総合環境研究』第８巻第１号23―38頁，長崎大学環境科学部（http://todakiyosi.web.fc2.com/text/minamata.html）

宮澤信雄，2007，『水俣病事件と認定制度』熊本日日新聞社


**表２　新潟県巻町の原発住民投票**（1996年８月）**についての新聞社説の比較**

| 住民投票結果に肯定的な社説 | 住民投票結果に否定的な社説 | 備　　考 |
|---|---|---|
| 「巻町の住民投票が示した重み」『朝日新聞』1996年８月５日<br><br>朝日社説結論部分引用「原発計画のある自治体を含め，国内では住民投票に消極的な首長や議会がほとんどだ。近年，投票条例の制定を求める住民の直接請求の動きは活発になっている。巻町が注目されたのは，原発というテーマの重大さと同時に，住民投票という手法に対する期待感の大きさゆえだろう。わたしたちも，住民投票が広まるきっかけになればと思う。もちろん，住民投票をいつ，どんな場合に実施するのがふさわし | 「巻町住民投票　『原発ノー』の問題点」『読売新聞』1996年８月５日<br><br>読売社説結論部分引用「だが，原発建設の可否という国の基本政策を，住民投票の対象にすること自体に問題がある。憲法九四条を受けた地方自治法で，条例の内容は「その区域内における，国の事務に属しないもの」と限定している。税金にかかわる問題が住民投票になじまないのは，この限定があるからだ。原発建設は国のエネルギー政策にかかわる問題である。ある特定の地域の住民投票によって左右されるようなことがあれ | もちろん「朝日・毎日は反原発・読売は原発推進」ではないと思われる。「朝日・毎日は国策の是非などを吟味しつつ慎重な原発推進・読売は政府全面支持の原発積極推進」であろう。相対的に朝日・毎日のほうが民意を重視する。1950年代からの原発導入に読売が大きな役割を果たしたことは周知の事実である（有馬，2008）。また原爆医療法（1957年）に際して，被爆者の広島・長崎被爆者への限定（法案段階で入っていた1954年ビキニ水爆実験被災漁民の切り捨て）と米国からの原発導入が取引として連動（「ビキニ被爆者を人柱に原発 |

| | | |
|---|---|---|
| いかは，それぞれの自治体の住民が決めることである。今回の投票結果が他の原発立地にどれだけ影響を与えるかも，即断はできない。しかし，巻町の挑戦が，十分な機能を果たしていないこの国の間接民主主義に，大きな反省を迫ったことは間違いない。」<br><br>「巻町住民投票　『原発ノー』の民意は重い」『毎日新聞』1996年8月5日 | ば，国の政策は立ちいかなくなる。国も原子力政策を進めるには，「安全」を最優先すべきことは言うまでもない。この原点を忘れず，安全性について住民の理解を得る最善の努力を尽くすべきだ。」 | 導入」）していたこともよく知られている（大石，2003：85）。<br><br>巻町の住民投票について環境社会学の視点からの研究としては，（山室，1998），（長谷川，2000）がある。 |

**表3　プルサーマル住民投票**（2001年5月）**についての新聞社説**

| 住民投票結果に肯定的な社説 | 住民投票結果に否定的な社説 | 備　　考 |
|---|---|---|
| 「刈羽村投票　『反対多数』の重み」『朝日新聞』2001年5月28日<br><br>「刈羽住民投票　都市住民も問われている」『毎日新聞』2001年5月29日 | 「刈羽住民投票　それでもプルサーマルは必要だ」『読売新聞』2001年5月28日 | プルサーマルについて，賛成派の立場で松岡1998などが，反対派の立場で小林・西尾編2006などがある。 |

**表4　もんじゅ裁判控訴審判決**（2003年1月）**についての新聞社説**

| 判決に肯定的な社説 | 判決に否定的な社説 | 備　　考 |
|---|---|---|
| 「もんじゅ判決　廃炉含め，見直しを」『朝日新聞』2003年1月28日<br><br>「もんじゅ判決　審査体制の全面見直しを」『毎日新聞』2003年1月28日 | 「もんじゅ訴訟　疑問多い『設置許可無効』の判決」『読売新聞』2003年1月28日 | 高速増殖炉について賛成派の立場から（三木，1972），反対派の立場から（小林，1994），（原子力発電に反対する福井県民会議，1996），（緑風出版編集部編，1996）などがある。賛成派の立場の報告書は日本原子力研究開発機構，原子力安全基盤機構，日本原 |

| | | |
|---|---|---|
| | | 子力研究所，動力炉・核燃料開発事業団などから多数出されているが（国立国会図書館で「高速増殖炉」を書名検索して出てくる110件の大半はそれである），一般読者向けは古いもの（三木，1972）が1件あるのみである。<br>原発裁判の歴史は伊方1号提訴（1973年8月）に始まるが，初の原告勝訴がもんじゅ控訴審判決（2003年1月名古屋高裁金沢支部），その次が志賀2号一審判決（2006年3月金沢地裁）である（原子力資料情報室，2007：54）。 |

（表1-4：戸田作成）

［文献］
有馬哲夫，2008，『原発・正力・CIA　機密文書で読む昭和裏面史』新潮新書
大石又七，2003，『ビキニ事件の真実　いのちの岐路で』みすず書房
原子力資料情報室，2007，『原子力市民年鑑2007』七つ森書館
原子力発電に反対する福井県民会議，1996，『高速増殖炉の恐怖　「もんじゅ」差止訴訟』増補版　緑風出版
小林圭二，1994，『高速増殖炉もんじゅ　巨大核技術の夢と現実』七つ森書館
小林圭二・西尾漠編，2006，『プルトニウム発電の恐怖　プルサーマルの危険なウソ』創史社，八月書館発売
長谷川公一，2000，「巻町住民投票の社会運動論的分析」『環境と公害』29巻3号　岩波書店
松岡理，1998，『プルトニウム物語　プルサーマルをめぐって』ミオシン出版
三木良平，1972，『高速増殖炉』日刊工業新聞社
山室敦嗣，1998，「原子力発電所建設問題における住民の意思表示　新潟県巻町を事例に」『環境社会学研究』4号　環境社会学会
緑風出版編集部編，1996，『高速増殖炉もんじゅ事故』緑風出版

## 資料－2　推薦図書

『悪魔のマーケティング　タバコ産業が語った真実』ASH編，津田敏秀ほか訳（日経BP社，2005年）原著1998年
『アスベスト禍』粟野仁雄（集英社新書，2006年）
『アメリカの陰謀』（シリーズ4冊）海保真一ほか（宙出版，2007―2008年）漫画
『医学者は公害事件で何をしてきたのか』津田敏秀（岩波書店，2004年）水俣病
『イギリスにおける労働者階級の状態』エンゲルス，一條和生ほか訳（岩波文庫，1990年）古典　原著1844年
『遺伝子組み換え企業の脅威：モンサント・ファイル』『エコロジスト』誌編集部編，戸田ほか訳（緑風出版，1999年）原著1998年
『インディアスの破壊についての簡潔な報告』ラス・カサス，染田秀藤訳（岩波文庫，1976年）古典，原著1542年
『ウォーター・ビジネス』モード・バーロウ，佐久間智子訳（作品社，2008年）
『エコとピースの交差点』ダグラス・ラミス，辻信一（大月書店，2008年）
『エコロジカル・フットプリントの活用』ワケナゲルほか，五頭訳（合同出版，2005年）原著2000年
『格差はつくられた』ポール・クルーグマン，三上訳（早川書房，2008年）2008，原著2007年
『カネミが地獄を連れてきた』矢野トヨコ（葦書房，1987年）認定患者の自伝
『カネミ油症　過去・現在・未来』カネミ油症被害者支援センター編（緑風出版，2006年）
『環境学と平和学』戸田清（新泉社，2003年）
『環境思想キーワード』尾関周二ほか編，戸田ほか（青木書店，2005年）
『環境的公正を求めて』戸田清（新曜社，1994年）
『環境問題の社会史』飯島伸子（有斐閣，2000年）
『環境レイシズム』本田雅和・風砂子デアンジェリス（解放出版社，2000年）
『希望の平和学』山川剛（長崎文献社，2008年）
『9・11事件は謀略か』デヴィッド・グリフィン，戸田ほか訳（緑風出版，2007年）原著2004年
『空爆の歴史』荒井信一（岩波新書，2008年）
『苦海浄土　わが水俣病』新装版，石牟礼道子（講談社文庫，2004年）古典　初版1969年

『クルマが鉄道を滅ぼした』増補版,ブラッドフォード・スネル，戸田ほか訳（緑風出版，2006年）原著1974年
『原子力神話からの解放』高木仁三郎（光文社，2000年）
『原子力と共存できるか』小出裕章・足立明（かもがわ出版，1997年）
『原子力帝国』ロベルト・ユンク，山口訳（社会思想社現代教養文庫，1989年）古典　原著1977年
『原発は地球にやさしいか』西尾漠（緑風出版，2008年）
『原発は差別で動く』八木正編（明石書店，1989年）
『公害原論　合本』新装版　宇井純（亜紀書房，2006年）古典　初版1971年
『国策防衛企業三菱重工の正体』『週刊金曜日』編（金曜日，2008年）
『G８サミット体制とはなにか』栗原康（以文社，2008年）
『スモール・イズ・ビューティフル』シューマッハー，小島ほか訳（講談社学術文庫，1986年）古典　原著1973年
『成長の限界』ドネラ・メドウズほか，大来監訳（ダイヤモンド社，1972年）古典　原著1972年
『生物多様性の危機』ヴァンダナ・シヴァ，戸田ほか訳（明石書店，2003年）原著1993年
『世界ブランド企業黒書』クラウス・ベルナーほか，下川真一訳（明石書店，2005年）原著2003年
『セブンイレブンの正体』古川琢也＋週刊金曜日取材班（金曜日，2008年）
『戦争中毒』ジョエル・アンドレアス，きくち訳（合同出版，2002年）漫画　原著2002年
『大量浪費社会』宮嶋信夫（技術と人間，1994年）
『宝の海を取り戻せ　諫早湾干拓と有明海の未来』松橋隆司（新日本出版社，2008年）
『脱原子力社会の選択』長谷川公一（新曜社，1996年）
『地球温暖化』田中優（扶桑社新書，2007年）
『中国汚染　「公害大陸」の環境報告』相川泰（ソフトバンク新書，2008年）
『沈黙の春』レイチェル・カーソン，青樹訳（新潮文庫，1974年）古典　原著1962年
『夏の残像　ナガサキの八月九日』西岡由香（凱風社，2008年）
『「日本は先進国」のウソ』杉田聡（平凡社新書，2008年）
『日本は中国になにをしたの』映画「侵略」上映委員会編（明石書店，1994年）
『日本は朝鮮になにをしたの』映画「侵略」上映委員会編（明石書店，1994年）
『破局　人類は生き残れるか』粟屋かよ子（海鳴社，2007年）
『母なる大地』柳澤桂子（新潮文庫，2006年）

『母は枯葉剤を浴びた』中村梧郎（岩波現代文庫，2005年）初版1983年
『平和をつむぐ思想』唯物論研究協会編,戸田ほか（青木書店，2008年）
『水の未来』フレッド・ピアス，古草秀子訳　沖大幹解説（日経 BP 社，2008年）原著2006年
『水俣への回帰』原田正純（日本評論社，2007年）
『未来世代への「戦争」が始まっている』綿貫礼子・吉田由布子（岩波書店，2005年）
『汚れた弾丸　劣化ウラン弾に苦しむイラクの人々／アフガニスタンで起こったこと』三枝義浩（講談社，2004年）漫画
『ルポ貧困大国アメリカ』堤未果（岩波新書，2008年）格差，貧困，軍国主義
『レポート・論文の書き方入門』第 3 版，河野哲也（慶応義塾大学出版会，2002年）
『ロシア　語られない戦争　チェチェンゲリラ従軍記』常岡浩介（アスキー新書, 2008年）
『わが肺はボロのふいご　三菱長崎造船じん肺ルポ』長船繁（かもがわ出版，1998年）じん肺患者の手記
用語集　戸田清研究室 HP
キーワード⇨遺伝子組み換え作物，格差社会，核兵器，カネミ油症，環境人種差別，環境正義，9・11事件，軍産複合体，原発，国家，資本主義，石綿，煙草，平和，ベトナム枯葉作戦，水俣病，劣化ウラン兵器

## 資料 - 3　著訳書リスト

### A 著　書

『環境的公正を求めて』（新曜社, 1994年）　韓国版は金源植訳, 創作と批評社, 1996年
『環境学と平和学』（新泉社，2003年）　韓国版は金源植訳，緑色評論社，2003年

### B 共著・分担執筆

『エネルギー浪費構造』（亜紀書房，1980年）
『90年代のテクノトレンド』（洋泉社，1990年）
『環境教育事典』（労働旬報社，1992年）
『環境教育辞典』（東京堂出版，1992年）
『地球環境の事典』（三省堂，1992年）
『環境百科』（駿河台出版社，1992年）
『世界史を読む事典』（朝日新聞社，1994年）
『環境思想の系譜』（共編著，全 3 巻，東海大学出版会，1995年）
『通史日本の科学技術　第 4 巻』（学陽書房，1995年）
『講座文明と環境　第14巻　環境倫理と環境教育』（朝倉書店，1996年）
『人口危機のゆくえ』（岩波ジュニア新書，1996年）
『遺伝子組み換え食品の危険性』（緑風出版，1997年）
『報告　日本における［自然の権利］運動』（［自然の権利］セミナー，1998年）
『（環境と開発）の教育学』（同時代社，1998年）
『環境と倫理』（有斐閣，1998年，新版2005年）
『生命操作事典』（緑風出版，1998年）
『真相・神戸市小学生惨殺遺棄事件』（早稲田出版，1998年）
『アエラムック46　新環境学がわかる』（朝日新聞社，1999年）
『WTO が世界を変える』（市民フォーラム2001事務局，1999年）
『キーワード地域社会学』（ハーベスト社，2000年）
『政治学事典』（弘文堂，2000年）
『講座環境社会学　第 1 巻』（有斐閣，2001年）
『環境科学へのアプローチ　人間社会系』（九州大学出版会，2001年）
『非戦』（幻冬舎，2002年）

『地球環境問題と環境政策』（ミネルヴァ書房，2003年）
『日本アナキズム運動人名事典』（ぱる出版，2004年）
『環境思想キーワード』（青木書店，2005年）
『9・11事件の省察』（凱風社，2007年）
『応用倫理学事典』（丸善，2008年）
『総合人間学２　自然と人間の破壊に抗して』（学文社，2008年）
『唯物論研究年誌第13号　平和をつむぐ思想』（青木書店，2008年）
『ナガサキから平和学する！』（法律文化社，2009年）

## C 訳書

『動物の権利』（技術と人間，1986年）
『科学・技術・社会を見る眼』（共訳　現代書館，1987年）
『動物の解放』（技術と人間，1988年）
『戦後アメリカと科学政策』（共訳　同文舘，1988年）
『性からみた核の終焉』（共訳　新評論，1988年）
『地球は復讐する　温暖化と人類の未来』（共訳　草思社，1989年）
『罪なきものの虐殺　動物実験全廃論』（共訳　新泉社，1991年，新装版2002年）
『永続的発展　環境と開発の共生』（共訳　学陽書房，1992年）
『地球環境クイズ』（共訳　新曜社，1992年）
『絶滅のゆくえ』（共訳　新曜社，1992年）
『現代アメリカの環境主義』（共訳　ミネルヴァ書房，1993年）
『クルマが鉄道を滅ぼした　ビッグスリーの犯罪』（共訳　緑風出版，1995年，増補版2006年）
『エコロジーと社会』（共訳　白水社，1996年）
『遺産相続者』（共訳　藤原書店，1997年）
『生物多様性の危機』（共訳　三一書房，1997年，改訳新版・明石書店，2003年）
『草の根環境主義　アメリカの新しい萌芽』（日本経済評論社，1998年）
『権力構造としての〈人口問題〉』（新曜社，1998年）
『環境と社会』（共訳　ミネルヴァ書房，1999年）
『遺伝子組み換え企業の脅威　モンサント・ファイル』（共訳　緑風出版，1999年）
『動物の権利』（岩波書店，2003年）
『脱グローバル化』（明石書店，2004年）

『気候変動』（青土社，2004年）
『世界社会フォーラム　帝国への挑戦』（共訳　作品社，2005年）
『破壊される世界の森林』（明石書店，2006年）
『永遠の絶滅収容所　動物虐待とホロコースト』（緑風出版，2007年）
『9・11事件は謀略か 「21世紀の真珠湾攻撃」とブッシュ政権』（共訳　緑風出版，2007年）
『自然の敵（仮題）』（緑風出版，近刊）